U0314713

衢州职业技术学院校级校企合作开发课程项目"前端框架技术"（编号：XQHZKC202104）

高职高专"十四五"规划教材

Vue. js 前端开发项目化教程

梅鹏飞　　吴意东　　张丽娜　　编著

扫码输入刮刮卡密码
查看本书数字资源

北　京

冶金工业出版社

2024

内 容 提 要

本书以项目为引导，充分体现"做中学，学中做"的思想，详细介绍了 Vue. js 框架的基础知识及实战项目开发。全书分为上下两篇，上篇包括第 1～10 章，主要介绍了 Vue. js 的开发工具、Vue 基础特性、条件判断与列表渲染、计算属性与监听属性、样式绑定、事件处理、表单控件绑定、自定义指令、Vue 组件和样式的应用等基础知识；下篇包括第 11～13 章，主要介绍了 Vue 单页 Web 应用、Vue 路由的应用、"五金购物街"项目实战等内容。

本书可作为高等职业院校计算机相关专业教材，也可作为"1＋X"Web 前端开发等级（高级）证书试点院校师生参考书，并可供计算机培训教学使用。

图书在版编目 (CIP) 数据

Vue. js 前端开发项目化教程/梅鹏飞，吴意东，张丽娜编著 . — 北京：冶金工业出版社，2023. 9（2024. 2 重印）
高职高专"十四五"规划教材
ISBN 978-7-5024-9632-6

Ⅰ. ①V… Ⅱ. ①梅… ②吴… ③张… Ⅲ. ①网页制作工具—程序设计—高等职业教育—教材 Ⅳ. ①TP392. 092. 2

中国国家版本馆 CIP 数据核字（2023）第 168353 号

Vue. js 前端开发项目化教程

出版发行	冶金工业出版社	电　话	(010)64027926
地　址	北京市东城区嵩祝院北巷 39 号	邮　编	100009
网　址	www. mip1953. com	电子信箱	service@ mip1953. com

责任编辑　杜婷婷　美术编辑　彭子赫　版式设计　郑小利
责任校对　范天娇　责任印制　禹　蕊
三河市双峰印刷装订有限公司印刷
2023 年 9 月第 1 版，2024 年 2 月第 2 次印刷
787mm×1092mm　1/16；15 印张；362 千字；228 页
定价 **49. 00** 元

投稿电话　(010)64027932　投稿信箱　tougao@ cnmip. com. cn
营销中心电话　(010)64044283
冶金工业出版社天猫旗舰店　yjgycbs. tmall. com
（本书如有印装质量问题，本社营销中心负责退换）

前　言

Vue.js 是一种渐进式的 JavaScript 开发框架，是目前企业开发主流的三大前端框架技术之一，比较适合初学者学习。它具有组件化、轻量级、API 友好等优点，受到企业前端开发人员的欢迎。本书在内容组织上深入浅出、图文并茂，以项目教学为引导，以培养读者能力为目的，简化了难理解的理论内容，强调读者的实际操作。本书的主要特点如下。

（1）项目化教学。本书中的案例来源于实际项目，体现了"教、学、做一体化"的思想，方便读者快速上手，注重培养读者动手做项目的能力。

（2）内容组织合理。本书按照由浅入深的原则组织内容，使读者循序渐进地理解前端框架基础知识。在此基础上编写了本书工程化项目开发篇，通过讲解 Vue 脚手架、Webpack 以及实战项目相关内容，带领读者更好地掌握前面所学的基础知识。

（3）教学资源多元化。本书配备了教学课件、课后思考题和源代码等，并且每个重点项目都配备了微课视频，读者可扫描二维码观看。

本书由衢州职业技术学院梅鹏飞、张丽娜与衢州实达实集团有限公司前端开发工程师吴意东合作编著。其中，梅鹏飞负责编写第 1～10 章，吴意东负责编写第 11 章和 13 章，张丽娜负责编写第 12 章。作者不但具有丰富的前端开发经验及课程授课经验，而且还具有使用 HTML5、CSS3 和 JavaScript 等技术进行实际项目开发的经验。因此，本书具有一定的实用性。

本书在编写过程中，参考了有关文献资料，在此向文献资料的作者表示感谢。

由于作者水平所限，书中疏漏和不足之处，敬请读者批评指正。

作　者
2023 年 3 月

源代码下载

课件下载

目 录

上篇 基 础 知 识

下篇　工程化项目开发

上 篇

基础知识

1　Vue. js 开发工具入门

❖ **本章重点：**
（1）Vue. js 的主要特性；
（2）Vue. js 的安装及使用；
（3）Visual Studio Code 的下载与安装；
（4）Vue 在前端开发中的优势。

近年来，互联网前端行业发展迅猛。前端开发不仅在 PC 端得到广泛应用，而且在移动端的需求也越来越强烈。为了改变传统的前端开发模式，进一步提高用户体验，越来越多的前端设计者开始使用框架来构建前端页面。目前，企业主流的前端框架包括 Google 的 AngularJS、Facebook 的 ReactJS，以及本书中将要介绍的 Vue. js。随着这些框架的出现，组件化开发方式得到了普及，同时改变了原有的开发思维方式。

1.1　Vue. js 概述

Vue. js 是一套用于构建用户界面的渐进式框架。与其他主流框架不同的是，它只关注视图层。Vue 采用自底向上螺旋式开发的设计，比较适合初学者入手学习，也非常容易与其他库或已有项目进行整合，其目标是通过简单的 API 实现响应式的数据绑定和组合。

1.1.1　Vue. js 的含义

在介绍 Vue. js 之前，先简单介绍它的作者尤雨溪（Evan You），以及它的由来。尤雨溪是一位美籍华人，在上海复旦大学附中高中毕业后，在美国完成大学学业，本科毕业于科尔盖特大学，后在帕森斯设计学院获得设计与技术艺术硕士学位。他是 Vue Technology LLC 创始人，曾经在 Google Creative Lab 就职，参与过多个项目的界面原型研发，后加入 Meteor，参与 Meteor 框架本身的维护和 Meteor Galaxy 平台的交互设计与前端开发。

2014 年 2 月，尤雨溪开源了一套前端开发库 Vue. js。Vue. js 是构建 Web 界面的 JavaScript 库，也是一个通过简洁的 API 提供高效数据绑定和灵活组件的系统。2016 年 9 月 3 日，在南京的 JSConf 上，尤雨溪正式宣布以技术顾问的身份加盟阿里巴巴 Weex 团队，做 Vue 和 Weex 的 JavaScript runtime 整合，目标是让用户能用 Vue 的语法跨三端。目前，他全职投入 Vue. js 的开发与维护，立志将 Vue. js 打造成与 Angular/React 齐名的世界顶级框架。

Vue. js 实际上是一个用于开发 Web 前端界面的库，其他前端开发的库也有很多，如 jQuery、Angular 等。在现在的市场上，Vue. js 是非常流行的 JavaScript 技术开发框架之一。

Vue. js 本身具有响应式编程和组件化的特点。所谓响应式编程，即保持状态和视图的同步，响应式编程允许将相关模型的变化自动反映到视图上，与传统的 MVC 开发模式不同，MVVM 将 MVC 中的 Controller 改成了 ViewModel（见图 1-1），在这种模式下，View 的变化会自动反映到 ViewModel 上，而 ViewModel 的变化也会同步到 View 上进行显示。

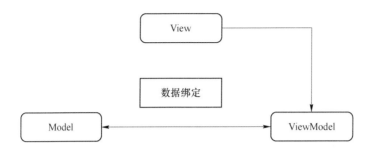

图 1-1　ViewModel 模式

与 ReactJS 一样，Vue. js 同样秉持"一切皆组件"的理念，应用组件化的特点，可以将任意封装好的代码注册成标签，这样能够在很大程度上减少重复开发，提高开发效率和代码复用性。如果配合 Vue. js 的周边工具 vue-loader，可以将一个组件的 HTML、CSS 和 JavaScript 代码都写入一个文件中，这就可以实现模块化的开发。

1.1.2　Vue. js 的特性

Vue. js 的主要特性如下。

（1）轻量级框架。相比较于 AngularJS 和 ReactJS，Vue. js 是一个更轻量级的前端库。其不但容量小，而且没有其他依赖。

（2）双向数据绑定。Vue. js 最主要的特点是双向数据绑定。声明式渲染既是双向数据绑定的主要体现，也是 Vue. js 的核心，它允许采用简洁的模板语法将数据声明式渲染整合进 DOM。

（3）应用指令。Vue. js 与页面的交互主要是通过内置指令来完成的，指令的作用是当其表达式的值改变时相应地将某些行为应用到 DOM 上。

（4）组件化。组件（component）是 Vue. js 最强大的功能之一，它可以扩展 HTML 元素，封装可重用的代码。在 Vue 中，父子组件通过 props 传递通信，从父向子单向传递。子组件与父组件通信，通过触发事件通知父组件改变数据。这样就形成了一个基本的父子通信模式。在开发中，组件和 HTML、JavaScript 等有非常紧密的关系时，可以根据实际的需要自定义组件，使开发变得更加便利，代码编写量大量减少。组件还支持热重载（hot-reload），当用户做了修改时，Vue. js 不会刷新页面，而是立刻对组件本身进行重载，不会影响整个应用当前的状态。CSS 也支持热重载。

（5）插件化开发/客户端路由。与 AngularJS 一样，Vue. js 也可以用来开发一个完整的单页应用。Vue. js 的核心库中并不包含路由、Ajax 等功能，但是其可以非常方便地加载对应的插件来实现这样的功能。例如，Vue-router 插件提供了路由管理的功能，Vue-resource 插件提供了数据请求的功能。

（6）状态管理。状态管理实际是一个单向的数据流，State 驱动 View 的渲染，而用户对 View 进行操作产生 Action，使 State 产生变化，从而使 View 重新渲染，形成一个单独的组件。

1.1.3 Vue. js 的优势

与其他的前端框架如 jQuery、React、Angular 等相比较而言，Vue 最为轻量化，而且已经形成了完整的一套生态系统，可以快速迭代更新。作为前端开发人员的首选入门框架，Vue 有很多优势：

（1）Vue. js 可以进行组件化开发，使代码编写量大大减少，学生更加容易理解；

（2）Vue. js 最大的优势是对数据进行双向绑定；

（3）使用 Vue. js 编写的界面效果本身是响应式的，这使得网页在各种设备上都能显示出比较好的效果；

（4）相比较传统的页面通过超链接实现页面的切换和跳转，Vue 使用路由不会刷新页面。

说明：Vue 必须在 ES5 版本以上的环境下使用，一些不支持 ES5 的旧浏览器中无法运行 Vue。

1.2 Vue. js 的安装与引入

通过前面的介绍，对于什么是 Vue. js 以及 Vue 的特性和优势已经有了一个初步的了解，接下来学习 Vue. js 的使用，首先需要下载 Vue. js。

1.2.1 Vue. js 的下载

Vue. js 文件可以在 Vue. js 的官方网站中直接下载并使用 < script > 标签引入。

Vue. js 是一个开源的库，可以从它的官方网站直接下载。

（1）进入 Vue. js 的下载页面，找到图 1-2 所示的内容。

（2）根据开发者的实际情况选择不同的版本进行下载。这里以下载"开发版本"为例。

图 1-2 开发版本

此时下载的文件为完整不压缩的开发版本，如果在开发环境中，推荐使用该版本，因为该版本中包含了所有常见错误相关的警告和调试模式。如果在生产环境下，推荐使用压缩后的生产版本，因为使用生产版本可以带来比开发环境下更快的速度体验。

1.2.2 Vue. js 的引入

1.2.2.1 使用 < script > 引入

将 Vue. js 下载到本地计算机后，还需在项目中引入 vue. js，即将下载后的 vue. js 文件放置到项目的指定文件夹中，通常文件放置在 js 文件夹中，然后在需要应用 vue. js 文件的页面中使用如下语句，将其引入文件中。

```
< script type = "text/javascript" src = "js/vue. js" > </script >
```

说明： 引入 vue. js 的 < script > 标签，必须放在所有自定义脚本文件的 < script > 之前，否则在自定义的脚本代码中应用不到 vue. js。

1.2.2.2　使用 CDN 引入

在项目中引入 vue. js，还可以采用外部 CDN 文件的方式。在项目中直接通过 < script > 标签加载 CDN 文件，代码如下：

```
< script src = "https://cdn. jsdelivr. net/npm/vue@ 2. 6. 14/dist/vue. js" > </script >
```

说明： 为了防止出现外部 CDN 文件不可用的情况，建议用户将 Vue. js 下载到本地计算机中。

1.2.2.3　使用 NPM 引入

在使用 Vue. js 构建大型项目时，推荐使用 NPM 方法进行安装，执行代码如下：

```
npm install vue
```

说明： 使用 NPM 方法安装 Vue. js 时，需要在计算机中安装 node. js。

1.3　开发工具 Visual Studio Code 简介

Visual Studio Code 简称 "VS Code"，是一个针对编写现代 Web 和云应用的跨平台源代码编辑器，可在桌面上运行，并且可用于 Windows、MacOS 和 Linux。它具有对 JavaScript、TypeScript 和 Node. js 的内置支持。

不同版本的 Visual Studio Code 可以在官方网站下载。下载 Visual Studio Code 的步骤如下：

（1）进入 Visual Studio Code 的下载页面；

（2）单击下载页面中的 "Download" 按钮，弹出下载对话框，单击对话框中的 "保存文件" 按钮即可将 Visual Studio Code 的安装文件下载到本地计算机上。

1.4　实训任务：创建第一个 Vue 实例

【例 1-1】 在 Visual Studio Code 中编写代码，在页面中输出 "Hello World, I like Vue. js"。

启动 Visual Studio Code，如果还未创建过任何项目，会弹出图 1-3 所示的界面。

（1）在本地计算机 D 盘新建一个工程文件夹，项目名称 "vuedemo"，在图 1-3 中单击菜单栏 "File" 选项，选择 "Open Folder"，在弹出的对话框中选择 "vuedemo"，如图 1-4 所示。

（2）在项目名称 "vuedemo" 中的 src 文件夹上单击鼠标右键，然后

微课：创建
第一个
Vue 实例

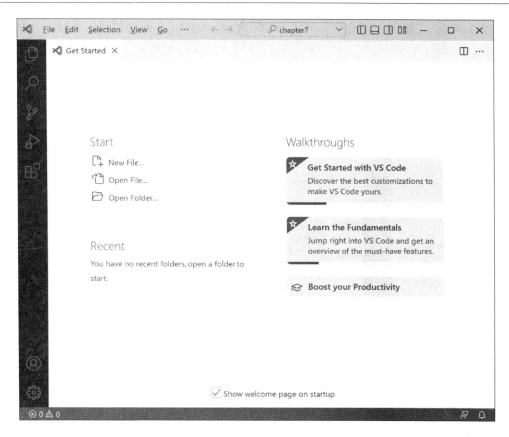

图 1-3　Visual Studio Code 欢迎界面

图 1-4　选择项目名称

选择"New File"按钮，如图 1-5 所示，完成 demotest. html 文件的创建。此时，开发工具会自动打开刚刚创建的文件，在代码编辑区域输入快捷键 shift + !（注意键盘输入切换至英文状态）快速生成 HTML5 代码，如图 1-6 所示。

图 1-5 在文件夹下创建 HTML 文件

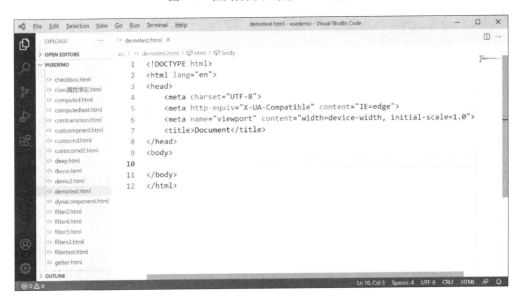

图 1-6 打开新创建的文件

（3）在 demotest. html 文件中编写代码，具体代码如下：

```
<! DOCTYPE html >
< html lang = " en " >
< head >
    < meta charset = " UTF-8 " >
    < meta http-equiv = " X-UA-Compatible " content = " IE = edge " >
    < meta name = " viewport " content = " width = device-width, initial-scale = 1. 0 " >
    < title >第一个 Vue 实例</title >
    < script src = " .. /js/vue. js " > </script >
</head >
< body >
    < div id = " example " >
        < h1 >{{message}}</h1 >
    </div >
    < script type = " text/javascript " >
        let demo = new Vue({
            el:' #example ',
            data:{
                message:'Hello world, I like Vue. js! '//定义数据
            }
        })
    </script >
</body >
</html >
```

用鼠标右键点击 src 文件夹中的 "demotest. html" 文件，在弹出的快捷菜单中选择在谷歌浏览器中预览程序效果。浏览器运行效果如图 1-7 所示。

图 1-7　程序运行效果

本 章 小 结

本章主要介绍了 Vue. js 的特性、安装方法，以及开发工具 Visual Studio Code 的下载和安装。通过这些内容让读者对 Vue. js 有初步的了解，为以后的学习奠定基础。

思　考　题

1-1　简单描述 Vue. js 的特性。

1-2　Vue. js 的引入有哪几种方法？

2　Vue 基础特性

❖ **本章重点:**
(1) Vue 构造函数中的选项对象;
(2) 向页面插值的方法及使用;
(3) 过滤器的使用;
(4) 指令的简介。

应用 Vue. js 开发程序,首先要了解如何将数据在视图中展示出来。Vue. js 采用了一种不同的语法用于构建视图。本章主要介绍 Vue. js 构造函数的几个选项对象,以及如何通过数据绑定将视图和数据进行关联。

2.1　Vue 实例与选项

每个 Vue. js 的应用都需要通过构造函数创建一个 Vue 实例。创建一个 Vue 实例的语法格式如下:

```
let vm = new Vue({
    //选项
})
```

实例化一个对象时,可以在构造函数中传入一个选项对象,选项对象中包括挂载对象、数据、方法、生命周期钩子函数等选项。下面分别对这几个选项进行介绍。

2.1.1　挂载元素

在 Vue. js 的构造函数中有一个 el 选项,该选项的作用是为 Vue 实例提供挂载元素。定义挂载元素后,接下来的全部操作都在该元素内进行,元素外部不受影响。该选项的值可以使用 CSS 选择符,也可以使用原生的 DOM 元素名称。例如,定义一个 div 元素,代码如下:

```
<div id = "box" class = "box">
```

如果将该元素作为 Vue 实例的挂载元素,可以设置为 el: '#box'、el: '. box ' 或 el: 'div'。

2.1.2　数据

通过 data 选项可以定义数据,这些数据可以绑定到实例对应的模板中,示例代码如下:

```
<! DOCTYPE html >
<html lang ="en">
<head>
    <meta charset ="UTF-8">
    <meta http-equiv ="X-UA-Compatible" content ="IE = edge">
    <meta name ="viewport" content ="width = device-width, initial-scale =1.0">
    <title>第一个 Vue 实例</title>
    <script src ="../js/vue. js"></script>
</head>
<body>
    <div id ="example">
        <h3>网站名称:{{name}}</h3>
    </div>
    <script type ="text/javascript">
        var demo = new Vue({
            el:'#example',
            data:{
                name:'实达实工业购',  //定义数据
                    }
        })
    </script>
</body>
</html>
```

运行效果如图 2-1 所示。

图 2-1　输出 data 属性值

在上述实例中创建了一个 Vue 实例 demo,在实例的 data 中定义了两个属性,即 name 和 url,模板中 {{namc}} 用于输出 name 的属性值,{{url}} 用于输出 url 的属性值。由此可见,data 数据与 DOM 进行了关联。

在创建 Vue 实例时,如果传入的 data 是一个对象,那么 Vue 实例会代理 data 对象中的所有属性。当这些属性的值发生变化时,HTML 视图也将随之发生相应的变化。因此,data 对象中定义的属性被称为响应式属性。示例代码如下:

```
<! DOCTYPE html >
<html lang ="en">
```

```
< head >
    < meta charset = " UTF-8 " >
    < meta http-equiv = " X-UA-Compatible " content = " IE = edge " >
    < meta name = " viewport " content = " width = device-width, initial-scale = 1. 0 " >
    < title >实例及选项</ title >
    < script src = " .. /js/vue. js " > </ script >
</ head >
< body >
    < div id = " example " >
        < h3 >网站名称:{{name}}</ h3 >
    </ div >
    < script type = " text/javascript " >
        var data = {
            name:'实达实工业购',   //定义数据
                }
        var demo = new Vue({
            el:'#example ',
            data:data
        })
        document. write( demo. name = = = data. name) ;//引用了相同的对象
        </ script >
</ body >
</ html >
```

运行结果如图 2-2 所示。

图 2-2　更新视图

在上述代码中，demo. name = = = data. name 的输出结果为 true，当重新设置 url 属性值时，模板中的 {{url}} 也随之变化，说明通过实例 demo 就可以调用 data 对象中的属性，并且当 data 对象中属性的值发生改变时，视图会重新渲染。

需要注意的是，只有在创建 Vue 实例时，传入的 data 对象的属性才是响应式的，如果开始不能确定某些属性的值，可以给这些属性设置初始值，例如：

```
data:{
    name:",
```

```
        count:1,
        price:[],
        flag:true
    }
```

除了 data 数据属性，Vue. js 还提供了一些有用的实例属性和方法，这些属性和方法的名称都有前缀 $，以便与用户定义的属性进行区分。例如，可以通过 Vue 实例中的 $data 属性来获取声明的数据。示例代码如下：

```
<script type="text/javascript">
    var data = {
        name:'实达实工业购',  //定义数据
            }
    var demo = new Vue({
        el:'#example',
        data:data
    })
    document.write(demo.$data===data);//输出为 true
</script>
```

2.1.3 方法

在 Vue 实例中，通过 methods 选项可以定义方法，示例代码如下：

```
<div id="example">
        <h3>{{showinfo()}}</h3>
    </div>
    <script type="text/javascript">
        var demo = new Vue({
            el:'#example',
            data:{
                name:'实达实工业购',  //定义数据
                    },
            methods:{
                showinfo:function(){
                    return this.name+":"+this.url;//连接字符串
                }
            }
        })
    </script>
```

运行结果如图 2-3 所示。

在上述代码中，实例的 methods 选项中定义了 showinfo() 方法，模板中的 {{showinfo()}} 用于调用该方法，从而输出 data 对象中的属性值。

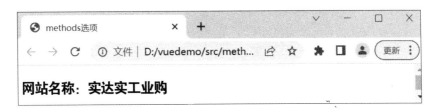

图 2-3　输出方法的返回值

2.1.4　生命周期钩子函数

每个 Vue 实例在创建过程中都有一系列的初始化步骤。例如，创建数据绑定、编译模板、将实例挂载到 DOM 并在数据变化时触发 DOM 更新、销毁实例等。通俗地说，Vue 实例从创建到销毁的过程，就是生命周期。在这个过程中会运行一些叫作生命周期钩子的函数，通过这些钩子函数可以定义业务逻辑。Vue 实例中几个主要的生命周期钩子函数说明如下。

（1）beforeCreate：在 Vue 实例开始初始化时调用。

（2）created：在实例创建之后进行调用，此时尚未开始 DOM 编译。

（3）mounted：在 DOM 文档渲染完毕之后进行调用，相当于 JavaScript 中的 window. onload( )方法。

（4）beforeDestroy：在销毁实例前进行调用，此时实例仍然有效。

（5）destroyed：在实例被销毁之后进行调用。

下面通过一个示例来介绍 Vue. js 内部的运行机制，为了实现效果，在 mounted 函数中应用了 $destroy( )方法，该方法用于销毁一个实例。代码如下：

```
< script type = " text/javascript " >
    let demo = new Vue( {
      el:' #example ',
      beforeCreate:function( ) {
          console. log(' beforeCreate ') ;
      },
      created:function( ) {
          console. log(' created ') ;
      },
      beforeDestroy:function( ) {
          console. log(' beforeDestroy ') ;
      },
      destroyed:function( ) {
          console. log(' destroyed ') ;
      },
      mounted:function( ) {
          console. log(' mounted ') ;
```

```
            this. $ destroy( );
        }
    } )
</ script >
```

在浏览器控制台中运行上述代码，结果如图 2-4 所示。

```
beforeCreate
created
mounted
beforeDestroy
destroyed
You are running Vue in development mode.
Make sure to turn on production mode when deploying for production.
See more tips at https://vuejs.org/guide/deployment.html
```

图 2-4　钩子函数的运行顺序

2.2　数　据　绑　定

数据绑定是 Vue. js 最核心的一个特性。建立数据绑定后，数据层和视图层会相互关联，当数据发生变化时，视图层会自动更新。这样就不需要手动获取 DOM 的值再同步到 JS 中，代码更加简洁，开发效率也更高。下面介绍 Vue. js 中双向数据绑定的语法。

2.2.1　模板语法

上一章提到过，Vue 提供了 HTML 的模板语法，Vue 的核心是允许开发者使用简洁的模板语法声明式将数据渲染进 DOM 的系统，简单来说就是模板中的文本数据放入 DOM 中，可使用 mustache 语法 "｛｜｝｝" 完成。

2.2.2　插值

2.2.2.1　文本插值

文本插值是数据绑定最基本的形式，使用的是双大括号标签 ｛｜｝｝。

【例 2-1】　使用双大括号标签将文本插入 HTML 中。

代码如下：

```
< div id = " example " >
    < h1 > Hello world, ｛｛message｝｝ </ h1 >
</ div >
< script type = " text/javascript " >
    let demo = new Vue( ｛
        el:' #example ',
```

```
            data:{
                message:'Welcome to Vue.js!'//定义数据
            }
        })
    </script>
```

运行结果如图 2-5 所示。

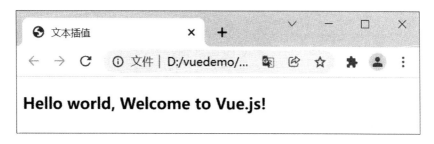

图 2-5 输出插入的文本

上述代码中，{{name}} 标签将会被相应的 data 对象中 message 属性的值所替代，而且 DOM 中的 message 与 data 中的 name 属性进行了绑定。当数据对象中的 message 属性的值发生改变时，文本中的值也会随之发生变化。

如果只需渲染一次数据，可以使用单次插值。单次插值即只执行一次插值。在第 1 次插入文本后，当数据对象中的属性值发生改变时，插入的文本将不会更新。单次插值可以使用 v-once 指令。示例代码如下：

```
< div id = " example " >
    < h3 v-once > Hello world,{{message}} </h3 >
</div >
```

上述代码中，在 <h3> 标签中应用了 v-once 指令，当修改数据对象中的 message 属性值时并不会引起 DOM 的变化。

2.2.2.2 插入 HTML

双大括号标签会将里面的值作为普通文本来处理，如果要解析为 HTML 内容，需要使用 v-html 指令。

【例 2-2】 使用 v-html 指令将 HTML 内容插入标签。

代码如下：

```
< div id = " example " >
    < p v-html = " message " > </p >
</div >
< script type = " text/javascript " >
    var demo  =  new Vue({
        el:' #example ',
```

```
            data:{
                message:'<h1>前端开发技术</h1>'//定义数据
            }

        })
    </script>
```

运行结果如图 2-6 所示。

图 2-6　输出插入的 HTML 内容

上述代码中，在 <p> 标签中应用 v-html 指令后，数据对象中 message 属性的值将作为 HTML 元素插入 <p> 标签。

2.2.2.3　属性

双大括号标签不能应用在 HTML 属性中，如果要为 HTML 元素绑定属性，不能直接使用文本插值的方式，而是需要使用 v-bind 指令对属性进行绑定。

【例 2-3】　使用 v-bind 指令为 HTML 元素绑定 class 属性。

代码如下：

```
<style type="text/css">
    .title{
        color: #f00;
        border: 1px solid #f0f;
        display: inline-block;
        padding: 5px;
    }
</style>
<div id="example">
  <span v-bind:class="message">梦想照进现实</span>
</div>
<script type="text/javascript">
    var demo = new Vue({
        el:'#example',
        data:{
```

```
            message:' title'//定义绑定的属性值
        }
    })
</script>
```

在浏览器中运行，结果如图 2-7 所示。

图 2-7　通过绑定属性设置元素样式

上述代码为 < span > 标签应用 v-bind 指令，将该标签的 class 属性与 data 对象中的 message 属性进行绑定，这样，数据对象中的 message 属性的值将作为 < span > 标签的 class 属性值。

在应用 v-bind 指令绑定元素属性时，还可以将属性值设置为对象的形式。例如，将例 2-3 的代码修改如下：

```
< div id = "example" >
    < span v-bind:class = "{' title' :message}" >梦想照进现实 </span>
</div>
< script type = "text/javascript" >
    var demo = new Vue({
        el:' #example',
        data:{
            message:true
        }

    })
</script>
```

上述代码中，应用 v-bind 指令将 < span > 标签的 class 属性与 data 对象中的 message 属性进行绑定，并判断 title 的值，如果值为 true 则使用 title 类的样式，否则不使用该类。

为 HTML 元素绑定属性的操作比较频繁。为了防止经常使用 v-bind 指令带来的烦琐操作，Vue. js 为该指令提供了一种简写形式 ":"。例如，为 "实达实科技" 超链接设置 URL 的完整格式如下：

```
< a v-bind:href = "url" >实达实工业购电商平台 </a>
```

简写形式如下：

```
< a :href = " url " >实达实工业购电商平台</a >
```

【例 2-4】　使用 v-bind 指令的简写形式为图片绑定属性。

代码如下:

```
< style type = " text/css " >
        . sds {
                width: 600px;
                border: 1px solid #000000;
        }
</style >
< div id = " example " >
        < img :src = " src " :class = " message " :title = " tip " >
</div >
< script type = " text/javascript " >
        var demo = new Vue( {
                el :' #example ',
                data: {
                        src :'../img/工业购电商平台 . jpg ', //图片 URL
                        message : ' sds ', //图片 CSS 类名
                        tip :'实达实工业购电商平台' //图片提示文字
                }
        } )
</script >
```

图 2-8 是运行结果示意图。

图 2-8　为图片绑定属性示意图

2. 2. 2. 4　表达式

在双大括号标签中进行数据绑定，标签中可以是一个 JavaScript 表达式，这个表达式

可以是常量或者变量，也可以是由常量、变量、运算符组合而成的式子。表达式的值是其运算后的结果。示例代码如下：

```
< div id = " example " >
        {{number + 10}} < br >
        {{boo ? '真' :'假'}} < br >
        {{str. tolowerCase ( )}}
    </div >
    < script type = " text/javascript " >
        var demo = new Vue({
            el: ' #example ',
            data:{
                number:10,
                boo:true,
                str:' qzy My love '
            }
        })
    </script >
```

这些表达式会在所属 Vue 实例的数据作用域下作为 JavaScript 被解析。但有一个限制，每个绑定只能包含单个表达式，所有下面的例子都不会生效。

```
<!--这是语句,不是表达式-->
{{var a = 1}}
<!--流控制也不会生效,请使用三元运算符-->
{{if(ik){
return message}}}
```

2.2.3　过滤器

对于一些需要经过复杂计算的数据绑定，简单的表达式可能无法实现，这时可以使用 Vue. js 的过滤器进行处理。通过自定义的过滤器可以对文本进行格式化。

过滤器可以用在双大括号插值和 v-bind 指令中，其需要被添加在 JavaScript 表达式的尾部，由管道符号"｜"表示，格式如下：

```
<!--在双大括号中-->
{{message | myfilter}}
<!--在 v-bind 指令中-->
< div v-bind:id = " rawId | formatId " > </div >
```

定义过滤器主要有两种方式：第 1 种是应用 Vue. js 提供的全局方法 Vue. filter( )进行定义；第 2 种是应用选项对象中的 filters 选项进行定义。下面分别进行介绍。

2.2.3.1　应用 Vue. filter( )方法定义全局过滤器

Vue. js 提供了全局方法 Vue. filter( )定义过滤器，格式如下：

Vue. filter(ID , function( ) { })

　　该方法中有两个参数，第1个参数为定义的过滤器 ID，是自定义过滤器的唯一标识，第2个参数为具体的过滤器函数，过滤器函数以表达式的值作为第1个参数，再将接收到的参数格式化为想要的结果。

　　说明： 使用全局方法 Vue. filter( ) 定义的过滤器需要自定义在创建的 Vue 实例之前。

　　【例2-5】 应用 Vue. filter( ) 方法定义过滤器，获取当前日期和星期并输出。

　　代码如下：

```javascript
< script type = " text/javascript " >
    Vue. filter(' nowdate ',function( value) {
        var year = value. getFullYear( ) ;//获取当前年份
        var month = value. getMonth( ) +1;//获取当前月份
        var day  = value. getDay( ) ;//获取当前星期
        var date = value. getDate( ) ;//获取当前日期
        var week = " ";
        switch( day) {
            case 1 :
                week = "星期一 ";
                break;
            case 2 :
                week = "星期二 ";
                break;
            case 3 :
                week = "星期三 ";
                break;
            case 4 :
                week = "星期四 ";
                break;
            case 5 :
                week = "星期五 ";
                break;
            case 6 :
                week = "星期六 ";
                break;
            default :
                week = "星期日 ";
                break;
        }
        return "今天是:" + year + "年 " + month + "月 " + date + "日 " + week;
```

```
        })
        var demo = new Vue({
            el:'#example',
            data:{
                date:new Date()
            }
        })
    </script>
```

运行效果如图 2-9 所示。

图 2-9　输出当前日期和星期

2.2.3.2　应用 filters 定义局部过滤器

应用 filters 选项定义过滤器包括过滤器名称和过滤器函数两部分，过滤器函数以表达式的值作为第 1 个参数。

【例 2-6】　应用 filters 选项定义过滤器，对商城头条的标题进行截取并输出。

代码如下：

```
<style type = "text/css">
    a{
        list-style: none;
        text-decoration:none;
    }
</style>
<body>
    <div id = "example">
        <ul>
            <li><a href = "#"><span>[特惠]</span>{{title1 | subStr}}</a></li>
            <li><a href = "#"><span>[公告]</span>{{title2 | subStr}}</a></li>
            <li><a href = "#"><span>[特惠]</span>{{title3 | subStr}}</a></li>
            <li><a href = "#"><span>[公告]</span>{{title4 | subStr}}</a></li>
            <li><a href = "#"><span>[特惠]</span>{{title5 | subStr}}</a></li>
        </ul>
    </div>
    <script type = "text/javascript">
```

```
var demo = new Vue({
    el:'#example',
    data:{
        title1:'商城爆品一分秒杀',
        title2:'商城与衢州市签署战略合作协议',
        title3:'五金大卖场促销大放送',
        title4:'华北、华中部分地区配送延迟',
        title5:'家电狂欢百亿礼券 买1送1'
    },
    filters:{
        subStr:function(value){
            if(value.length>10){
                return value.substr(0,10)+"..."
            }else{
                return value;
            }
        }
    }
})
</script>
```

运行效果如图 2-10 所示。

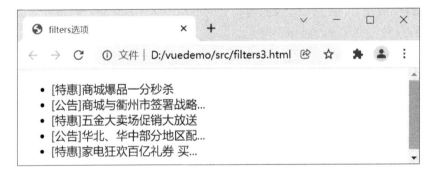

图 2-10　输出截取后的标题

多个过滤器可以串联使用。格式如下：

```
{{message | filterA | filterB}}
```

在串联使用过滤器时，首先调用过滤器 filterA 对应的函数，然后调用过滤器 filterB 对应的函数。其中，filterA 对应的函数以 message 作为参数，而 filterB 对应的函数以 filterA 的结果作为参数。例如，将字符串 "HTML5 + JavaScript + Vue" 转换为首字母大写，示例代码如下：

```
< div id =" example " >
    < span >{{str | lowercase | firstUppercase}} </span >
```

```
    </div>
    <script type = "text/javascript" >
        var demo = new Vue({
            el:'#example',
            data:{
                str:'HTML5 + JavaScript + Vue'
            },
            filters:{
                lowercase:function(value){
                    return value.toLowerCase();//转换为小写
                },
                firstUppercase:function(value){
                    return value.charAt(0).toUpperCase() + value.substr(1);//首字母大写
                }
            }
        })
    </script>
```

运行效果如图 2-11 所示。

图 2-11　输出首字母大写的字符串

过滤器实质上是一个函数，因此也可以接收额外的参数，格式如下：

```
{{message | filterA(arg1,arg2,....)}}
```

其中，filterA 为接收多个参数的过滤器函数，message 的值作为第 1 个参数，arg1 的值作为第 2 个参数，arg2 的值作为第 3 个参数，依此类推。

例如，将商品价格"205"格式化为"￥205.00"，示例代码如下：

```
<div id = "example" >
        <span>{{price | formatPrice("￥")}}</span>
    </div>
    <script type = "text/javascript" >
        var demo = new Vue({
            el:'#example',
            data:{
                price:205,
            },
```

```
            filters：｛
                formatPrice ：function( value,symbol){
                    return symbol + value. toFixed(2);//添加人民币符号并保留两位小数
                ｝
            ｝
        ｝)
    </script >
```

运行结果如图 2-12 所示。

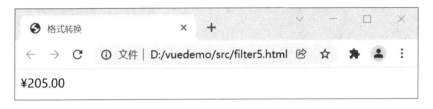

图 2-12 格式化商品价格

2. 2. 4 指令

指令是 Vue. js 的重要特性之一，它是带有 v-前缀的特殊属性。从写法上来说，指令的值限定为绑定表达式，指令用于在绑定表达式的值发生改变时，将这种数据的变化应用到 DOM 上。当数据变化时，指令会根据指定的操作对 DOM 进行修改，这样就无须手动去管理 DOM 的变化和状态，提高了程序的可维护性。示例代码如下：

```
< p v-if =" show " > sds </p >
```

上述代码中，v-if 指令将根据表达式 show 的值来确定是否插入 p 元素。如果 show 的值为 true，则插入 p 元素；如果 show 的值为 false，则移除 p 元素。还有一些指令的语法略有不同，它们能够接收参数和修饰符。下面分别进行介绍。

2. 2. 4. 1 参数

一些指令能够接收一个参数，如 v-bind 指令、v-on 指令，接收的参数位于指令和表达式之间，并用冒号分隔。v-bind 指令的示例代码如下：

```
< img v-bind:src =" imgSrc " >
```

上述代码中，src 即为参数，通过 v-bind 指令将 img 元素的 src 属性与表达式 imageSrc 的值进行绑定。

v-on 指令的示例代码如下：

```
< button v-on:click =" login " >登录 </button >
```

上述代码中，click 即为参数，该参数为监听的事件名称。当触发"登录"按钮的click 事件时会调用 login( )方法。

说明：关于 v-on 指令的具体介绍请参考第 6 章。

2.2.4.2　修饰符

修饰符是在参数后面，以半角圆点符号指明的特殊后缀。例如，prevent 修饰符用于调用 event. preventDefault( )方法。示例代码如下：

```
< form v-on:submit. prevent = " onSubmit " > </form >
```

说明：关于更多修饰符的介绍请参考第 6 章。

2.3　实 训 任 务

在页面中实现对日期时间进行格式化（如 2023-03-24 09:05:06）。

本 章 小 结

本章主要介绍了 Vue. js 模板语法、构造函数的选项对象中的基本选项，以及建立数据绑定的方法，希望开发者可以精熟此部分内容，只有掌握这些基础知识，才可以学好后面的内容。

┌──────────┐
│　思　考　题　│
└──────────┘

2-1　在 Vue. js 构造函数的选项对象中，最基本的选项有哪几个？

2-2　为 HTML 元素绑定属性需要使用什么指令？

2-3　生命周期函数包括哪几个阶段？

2-4　定义过滤器主要有哪两种方式？

3　条件判断与列表渲染

❖ **本章重点：**
（1）应用 v-if 指令进行条件判断；
（2）v-else 指令的使用；
（3）v-else-if 指令的使用；
（4）应用 v-for 指令遍历数据；
（5）应用 v-for 指令遍历对象。

在程序设计中，条件判断和循环控制既是必不可少的技术，也是变化最丰富的技术。Vue. js 提供了相应的指令用于实现条件判断和循环控制。通过条件判断可以控制 DOM 的显示状态；通过循环控制可以将数组对象渲染到 DOM 中。本章主要介绍 Vue. js 的条件判断和列表渲染。

3.1　条 件 判 断

在视图中，经常需要控制某些 DOM 元素的显示和隐藏。Vue. js 提供了多个指令来实现条件的判断，包括 v-if、v-else、v-else-if、v-show 指令。

3.1.1　v-if 指令

v-if 指令可以完全根据表达式的值在 DOM 中生成或移除一个元素。如果 v-if 的表达式赋值为 false，那么对应的元素就会从 DOM 中移除；否则对应元素将会被插入 DOM 中。
【例 3-1】　演示 v-if 代码框架。

```
<div id="app">
    <p v-if="message">公告</p>
</div>
<script type="text/javascript">
    var vm = new Vue({
        el:'#app',
        data:{
            message:true
        }
    })
</script>
```

v-if 是一个指令，需要将其添加在一个元素上才有效，如果要切换多个元素，可以把 <template> 元素当作包装元素，使得 v-if 来切换元素，修改例 3-1 为以下代码。

```
< div id = " app " >
    < ! ---template 是 vue 的容器元素,目前不支持 v-show,但支持 v-if-->
    < template v-if = " message " >
        < h1 > 通知 </h1 >
        < p > 限时免运费 </p >
        < p > 全场店庆 5 折起 </p >
    </ template >
</ div >
< script type = " text/javascript " >
    var vm = new Vue( {
        el:' #app ',
        data: {
            message : true
        }
    } )
</ script >
```

根据表达式的结果判断是否输出一组单选按钮。代码如下:

```
< div id = " app " >
    < ! ---template 是 vue 的容器元素,目前不支持 v-show,但支持 v-if-->
    < template v-if = " message " >
    < input type = " radio " value = " A " > A
    < input type = " radio " value = " B " > B
    < input type = " radio " value = " C " > C
    < input type = " radio " value = " D " > D
    </ template >
</ div >
< script type = " text/javascript " >
    var vm = new Vue( {
        el:' #app ',
        data: {
            message : true
        }
    } )
</ script >
```

运行结果如图 3-1 所示。

图 3-1　输出一组单选按钮

3.1.2　v-else 指令

v-else 指令的作用相当于 JavaScript 中的 else 语句部分，可以用 v-else 指令配合 v-if 指令一起使用。例如，输出数据对象中的属性 a 和 b 的值，比较两个属性的值，并输出比较的结果。代码如下：

```
<div id="app">
    <!---template 是 vue 的容器元素,目前不支持 v-show,但支持 v-if-->
    <template>
        <p>a 的值是{{a}}</p>
        <p>b 的值是{{b}}</p>
        <p v-if="a<b">a 小于 b</p>
        <p v-else>a 大于 b</p>
    </template>
</div>
<script type="text/javascript">
    var vm = new Vue({
        el:'#app',
        data:{
            a:200,
            b:100
        }
    })
</script>
```

运行结果如图 3-2 所示。

图 3-2　输出比较结果

【例 3-2】　应用 v-if 指令和 v-else 指令判断 2022 年 2 月的天数。
代码如下：

```
<div id="app">
    <p v-if="year%4==0 && year%100!=0 || year%400==0">
        {{info(29)}}
```

```
        </p>
        <p v-else>
            {{28}}
        </p>
    </div>
    <script type ="text/javascript">
        var vm = new Vue({
            el:'#app',
            data:{
                year:2022
            },
            methods:{
                info:function(days){
                    alert(this.year+'年2月有'+days+"天");//弹出对话框
                }
            }
        })
```

运行结果如图 3-3 所示。

图 3-3   输出 2022 年 2 月的天数

3.1.3   v-else-if 指令

v-else-if 指令的作用相当于 JavaScript 中的 else if 语句部分，应用该指令可以进行多重判断，根据不同的 type 输出对应的值。

【例 3-3】   将某学校的学生成绩转化为不同等级，划分标准如下：

（1）"优秀"，大于等于 90；

（2）"良好"，大于等于 80；

（3）"中等"，大于等于 70；

（4）"及格"，大于等于 60；

（5）"不及格"，小于 60 分。

假设陈明星的考试成绩是 77 分，输出成绩对应的等级。

代码如下：

```
< div id = " app " >
    < div v-if = " score > = 90 " >
        陈明星的成绩为优秀
    </ div >
    < div v-else-if = " score > = 80 " >
        陈明星的成绩为良好
    </ div >
    < div v-else-if = " score > = 70 " >
        陈明星的成绩为中
    </ div >
    < div v-else-if = " score > = 60 " >
        陈明星的成绩为及格
    </ div >
    < div v-else = " score < 60 " >
        陈明星的成绩为不及格
    </ div >
</ div >
< script type = " text/javascript " >
    var vm = new Vue( {
        el : ' #app ',
        data : {
            score : 77
        }
    } )
</ script >
```

运行结果如图 3-4 所示。

图 3-4 输出考试成绩对应的等级

说明：v-else 指令必须紧跟在 v-if 指令或 v-else-if 指令的后面，否则 v-else 指令不起作用。同样，v-else-if 指令也必须紧跟在 v-if 指令或 v-else-if 指令的后面。

3.1.4 v-show 指令

v-show 指令是根据表达式的值来判断是显示还是隐藏 DOM 元素。当表达式的值为

，元素将被显示；当表达式的值为 false 时，元素将被隐藏，此时元素添加了一个内
式 style = "display：none"。与 v-if 指令不同，使用 v-show 指令的元素，不管表达式的
true 还是 false，该元素都始终会被渲染并保留在 DOM 中。绑定值的改变只是简单地
块元素的 CSS 属性 display。

【例 3-4】 通过单击按钮切换图片的显示和隐藏。

代码如下：

```html
< div id = " app " >
        < input type = " button " :value = " bText " v-on:click = " toggle " >
        < div v-show = " show " >
            < img src = " . . /img/工业购电商平台 . jpg " alt = " " >
        < /div >
    < /div >
    < script type = " text/javascript " >
        var vm = new Vue( {
            el:' #app ',
            data:{
                bText:' 隐藏照片 ',
                show:true
            },
            methods:{
                toggle:function( ) {
                    //切换按钮文字
                    this. bText = =' 隐藏照片 ' ? this. bText =' 显示照片 ' :this. bText =' 隐藏照片 ';
                    this. show = ! this. show;//修改属性值
                }
            }
        } )
    < /script >
```

运行结果如图 3-5 所示。图 3-6 为显示照片示意图。

图 3-5 隐藏照片

3.1.5 v-if 和 v-show 的区别

Template 是 Vue 的容器元素，目前不支持 v-show，但支持 v-if。例 3-1 和例 3-4 演示了
v-if 与 v-show，通过这两个实例可以发现 v-if 和 v-show 的区别如下。

图 3-6　显示照片示意图

（1）v-if 是动态地向 DOM 树内添加或删除 DOM 元素；v-show 是通过设置 DOM 元素的 display 样式属性控制显隐的。

（2）v-if 是真实的条件渲染，因为它会确保条件块在切换中适当地销毁与重建条件块内的事件监听器和子组件。v-show 只是简单地基于 CSS 切换。

（3）v-if 是惰性的，如果在初始渲染时条件为假，则什么也不做，只有在条件第一次变为真时才开始局部编译（编译会被缓存起来）。v-show 是在任何条件下（不管首次条件是否为真）都被编译，然后被缓存，而且 DOM 元素保留。

（4）相比之下，v-show 简单得多，元素始终被编译并保留，只是简单地基于 CSS 切换。

（5）一般来说，v-if 有更高的切换消耗而 v-show 有更高的初始渲染消耗。因此，如果需要频繁切换，则使用 v-show 较好；如果运行时条件不大可能改变时，则使用 v-if 较好。

3.2　列 表 渲 染

Vue. js 提供了列表渲染的功能，即用数组或对象中的数据重复渲染 DOM 元素。在 Vue. js 中，列表渲染使用的是 v-for 指令，其效果类似于 JavaScript 中的遍历。

3.2.1　应用 v-for 指令遍历数组

v-for 指令用数据接收数组中的数据重复渲染 DOM 元素。该指令需要使用 item in items 形式的语法，其中，items 为数据对象中的数组名称，item 为数组元素的别名，通过别名可以获取当前数组遍历的每个元素。

例如，应用 v-for 指令输出数组中存储的项目列表，代码如下：

```
< div id = " app " >
    < ul >
        <!--v-for 指令需要用到一个 item in items 的特殊语法,其中 items 是源数据的数组,
而 item 是当前迭代数组元素的别名-->
        < li v-for =" item in items " > {{item. product}} </li >
    </ul >
</div >
< script type = " text/javascript " >
    var vm = new Vue({
        el:'#app ',
        data:{
            items:[      //定义产品名称数组
                {product:' 叉车 ',},
                {product:' 轮胎 ',},
                {product:' 扳手 ',},
            ]
        }
    })
</script >
```

运行结果如图 3-7 所示。

图 3-7　输出产品名称

在应用 v-for 遍历数组时，还可以指定一个参数作为当前数组元素的索引，语法格式
为（item，index）in items，其中，items 为数组名称，item 为数组元素的别名，index 为数
组元素的索引。

例如，应用 v-for 指令输出数组中存储的产品名称和相应的索引，代码如下：

```
< div id = " app " >
    < ul >
        <!--v-for 指令还可以指定一个参数作为当前数组元素的索引,语法格式(item,
index) in items,其中,index 为数组元素的索引-->
        < li v-for =" (item,index) in items " > {{index}} - {{item. product}} </li >
    </ul >
```

```
      </div>
      <script type="text/javascript">
          var vm = new Vue({
              el:'#app',
              data:{
                  items:[      //定义产品名称数组
                      {product:'叉车',},
                      {product:'轮胎',},
                      {product:'扳手',},
                  ]
              }
          })
      </script>
```

运行结果如图 3-8 所示。

图 3-8 输出产品名称的索引

【例 3-5】 应用 v-for 指令输出数组中的省份、省会，以及旅游景点信息。
代码如下：

```
<head>
    <meta charset="UTF-8">
    <meta http-equiv="X-UA-Compatible" content="IE=edge">
    <meta name="viewport" content="width=device-width,initial-scale=1.0">
    <script src="../js/vue.js"></script>
    <title>v-for 输出旅游景点信息</title>
    <style type="text/css">
        .tb{
            border-collapse: collapse;
            width: 100%;
        }
        .tb th{
            background-color: #0094ff;
            color: white;
```

```
            }
            . tb td,
            . tb th{
                padding:5px;
                border: 1px solid black;
                text-align: center;


            }
        </style>
</head>
<body>
    <div id = "app">
        <table class = "tb">
        <tr>
            <th>序号</th>
            <th>省份</th>
            <th>省会</th>
            <th>旅游景点</th>
        </tr>
        <tr v-for = "(tourist,index) in touristList">
            <td>{{index + 1}}</td>
            <td>{{tourist. province}}</td>
            <td>{{tourist. city}}</td>
            <td>{{tourist. spot}}</td>
    </tr>
    </table>
    </div>
    <script type = "text/javascript">
    var vm = new Vue({
        el:'#app',
        data:{
            touristList:[{  //定义旅游信息列表
                province:'浙江省',
                city:'杭州市',
                spot:'西湖 宋城 灵隐寺 千岛湖'
            },{
                province:'湖南省',
                city:'长沙市',
                spot:'岳麓山 橘子洲 太平街 火宫殿'
            },{
                province:'湖北省',
                city:'武汉市',
```

```
                        spot:'黄鹤楼 磨山景区 武汉欢乐谷',
                    }
                ]
            }
        })
    </script>
```

运行结果如图 3-9 所示。

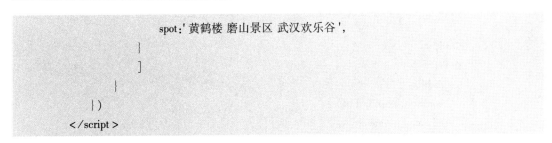

图 3-9　输出省份、省会、旅游景点

3.2.2　在 < template > 元素中使用 v-for

与 v-if 指令类似，如果使用 v-for 渲染一个包含多个元素的块，就需要用 < template >。同时 < template > 在实际渲染的时候元素不显示在网页上，只是起到一个包裹作用。

微课：输出
网站导航菜单

【例 3-6】　在 < template > 元素中使用 v-for 指令，实现输出网站导航菜单的功能。

代码如下：

```
< div id = " app " >
    < ul >
        < template v-for = " menu in navList " >
            < li class = " item " > { { menu} } < /li >
            < li class = " separator " > < /li >
        < /template >
    < /ul >
< /div >
< script type = " text/javascript " >
    var vm = new Vue( {
        el:'#app',
        data:{
            navList:[' 首页 ',' 企业介绍 ',' 新闻动态 ',' 企业荣誉 ',' 网络渠道 ']
```

```
            }
        })
    </script>
```

运行结果如图 3-10 所示。

图 3-10　输出网站导航菜单

3.2.3　数组更新检测

Vue. js 中包含了一些检测数组变化的变异方法，调用这些方法可以改变原始数据，并触发视图更新。这些变异方法的说明见表 3-1。

表 3-1　变异方法说明

方法名	说　　明
push( )	向数组的末尾添加一个或多个元素
pop( )	将数组的最后一个元素从数组中删除
shift( )	将数组中的第一个元素从数组中删除
unshift( )	向数组的开头添加一个或多个元素
splice( )	添加或删除数组中的元素
sort( )	对数组元素进行排序
reverse( )	颠倒数组中的数据

例如，应用变异方法 push( ) 向数组中添加一个元素，代码如下：

```
< div id = "app" >
    < ul >
        < li v-for = "item in items" > {{item. product}} < /li >
    < /ul >
< /div >
< script type = "text/javascript" >
    var vm = new Vue({
        el:' #app',
        data:{
            items:[
```

```
                          {product:'叉车'},
                          {product:'扳手'},
                          {product:'板车'}
                    ]
              }
      })
      vm. items. push({product:'脚手架'});//向数组末尾添加数组元素
</script>
```

运行结果如图 3-11 所示。

图 3-11　向数组中添加元素

【**例 3-7**】　将 2018 年电影票房排行榜前九名的影片名称和票房定义在数组中，对数组按影片票房进行降序排序，将排序后的影片排名、影片名称和票房输出在页面中。

代码如下：

```
<div id ="app">
      <div class ="title">
            <div class ="col-1">排名</div>
            <div class ="col-2">电影名称</div>
            <div class ="col-1">票房</div>
      </div>
      <div class ="content" v-for ="(value,index) in movie">
            <div class ="col-1">{{index + 1}}</div>
            <div class ="col-2">{{value. name}}</div>
            <div class ="col-1">{{value. boxoffice}}亿</div>
      </div>
</div>
<script type ="text/javascript">
      var vm = new Vue({
            el:'#app',
            data:{
                  movie:[//定义影片信息数组
                        {name:'毒液:致命守护者',boxoffice:18. 7},
                        {name:'我不是药神',boxoffice:30. 9},
```

```
                    {name:'红海行动',boxoffice:36.5},
                    {name:'侏罗纪世界 2',boxoffice:16.9},
                    {name:'捉妖记 2',boxoffice:22.3},
                    {name:'唐人街探案 2',boxoffice:33.9},
                    {name:'复仇者联盟 3:无限战争',boxoffice:23.9},
                    {name:'头号玩家',boxoffice:13.9},
                    {name:'海王',boxoffice:22.3},
                ]
            }
        })
        //为数组重新排序
        vm.movie.sort(function(a,b){
            var x = a.boxoffice;
            var y = b.boxoffice;
            return x < y ? 1:-1;
        });
</script>
```

运行结果如图 3-12 所示。

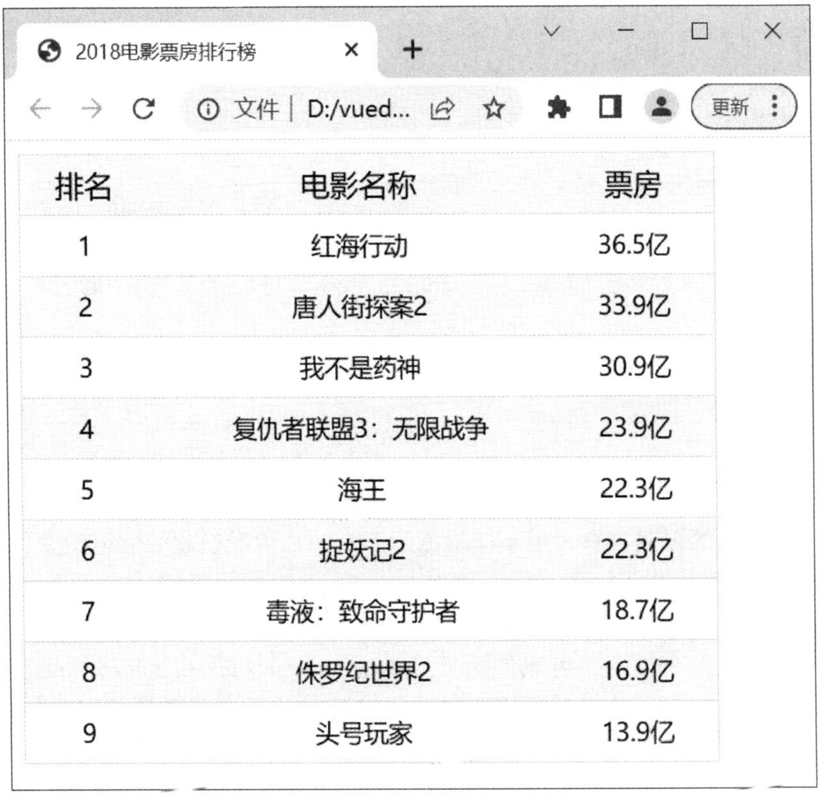

排名	电影名称	票房
1	红海行动	36.5亿
2	唐人街探案2	33.9亿
3	我不是药神	30.9亿
4	复仇者联盟3：无限战争	23.9亿
5	海王	22.3亿
6	捉妖记2	22.3亿
7	毒液：致命守护者	18.7亿
8	侏罗纪世界2	16.9亿
9	头号玩家	13.9亿

图 3-12　输出 2018 年电影票房排行

除了变异方法外，Vue. js 还包含了几个非变异方法，如 filter( )、concat( ) 和 slice( ) 方法。调用非变异方法不会改变原始数据，而是返回一个新的数据，当使用非变异方法时，可以用新的数据替换原来的数组。

例如，应用 slice( )方法获取数组中第 2 个元素后的所有元素，代码如下：

```html
< div id = " app " >
        < ul >
                < li v-for = " item in items " > | |item. product| | </li >
        </ul >
    </div >
    < script type = " text/javascript " >
        var vm = new Vue( |
            el:' #app ',
            data: |
                items: [
                        |product:' 叉车 ',
                        |product:' 板车 ',
                        |product:' 扳手 '
                    ]
                |
        |)
        vm. items = vm. items. slice(1);//获取数组中第 2 个元素后的所有元素
    </script >
```

运行结果如图 3-13 所示。

图 3-13   输出数组中某部分元素

由于 JavaScript 的限制，Vue. js 不能检测到下面两种情况引起的数组的变化。

（1）直接使用数组索引设置元素，例如：vm. items[1] =' Vue. js '。

（2）修改数组的长度，例如：vm. items. length = 2。

为了解决第（1）种情况，可以使用全局方法 Vue. set(array,index,value)或实例方法 vm. $set(array,index,value)来设置数组元素的值，设置的数组元素是响应式的，并可以触发视图更新。

说明： 实例方法 vm. $set( )为全局方法 Vue. set( )的别名。

例如，应用全局方法 Vue. set( )设置数组中第 2 个元素的值，代码如下：

```
< div id = " app " >
    < ul >
        < li v-for = " item in items " > | | item. product| | < /li >
    < /ul >
< /div >
< script type = " text/javascript " >
    var vm  = new Vue( |
        el:' #app ',
        data: |
            items:[
                | product:' 叉车 '|,
                | product:' 板车 '|,
                | product:' 扳手 '|
            ]
        |
    | )
    Vue. set( vm. items ,1,| proname:' 脚手架 '| ) ;//获取数组中第 2 个元素后的所有元素
< /script >
```

运行结果如图 3-14 所示。

图 3-14　设置第 2 个元素的值

为了解决第（2）种情况，可以使用 slice( )方法修改数组的长度。例如，将数组的长度修改为 2，代码如下：

```
< div id = " app " >
    < ul >
        < li v-for = " item in items " > | | item. proname| | < /li >
    < /ul >
< /div >
< script type = " text/javascript " >
    var vm  = new Vue( |
        el:' #app ',
        data: |
```

```
                items:[
                    {proname:'叉车'},
                    {proname:'板车'},
                    {proname:'扳手'}
                ]
            }
        })
    vm. items. splice(2);
</script >
```

运行结果如图 3-15 所示。

图 3-15   修改数组长度

3.2.4   应用 v-for 指令遍历对象

应用 v-for 除了遍历数组之外, 还可以遍历对象。遍历对象使用 value in object 形式的语法, 其中, object 为对象名称, value 为对象属性值的别名。

例如, 应用 v-for 指令输出对象中存储的商品信息, 代码如下:

```
< div id =" app " >
    < ul >
        < li v-for =" value in object " >{{value}} </li >
    </ul >
</div >
< script type =" text/javascript " >
    var vm  =  new Vue({
        el:' #app ',
        data:{
            object:{
                proname:' 叉车 ',
                price:450,
                date:' 2021-11-20 '
            }
        }
    })
</script >
```

运行结果如图 3-16 所示。

图 3-16 输出商品信息

在应用 v-for 指令遍历对象时，还可以使用第 2 个参数为对象属性名（键名）提供一个别名，语法格式为（value，index）in object，其中，object 为对象名称，value 为对象属性值的别名，key 为对象属性名的别名。

例如，应用 v-for 指令输出对象中的属性名和属性值，代码如下：

```
<div id="app">
    <ul>
        <li v-for="(value,key) in object">{{key}}:{{value}}</li>
    </ul>
</div>
<script type="text/javascript">
    var vm = new Vue({
        el:'#app',
        data:{
            object:{
                proname:'叉车',
                price:450,
                date:'2021-11-20'
            }
        }
    })
</script>
```

运行结果如图 3-17 所示。

图 3-17 输出属性名和属性值

在使用 v-for 指令遍历对象时，还可以使用第 3 个参数为对象提供索引，语法格式为（value,key,index）in object，其中，object 为对象名称，value 为对象属性值的别名，key 为对象属性名的别名，index 为对象的索引。

例如，应用 v-for 指令输出对象中的属性名和相应的索引，代码如下：

```
< div id = " app " >
    < ul >
        < li v-for = "( value,key,index ) in object " > { {index} }-{ {key} }: { {value} } < /li >
    < /ul >
< /div >
< script type = " text/javascript " >
    var vm  = new Vue( {
        el:' #app ',
        data: {
            object: {
                proname:' 叉车 ',
                price:450,
                date:' 2021-11-20 '
            }
        }
    } )
< /script >
```

运行效果如图 3-18 所示。

图 3-18　输出对象属性和索引

3.2.5　向对象中添加属性

在创建的实例中，使用全局方法 Vue. set（object,key,value）或实例方法 vm. $set（object,key,value）可以向对象中添加响应式属性，同时触发视图更新。例如，应用全局方法 Vue. set（）向对象中添加一个新的属性，代码如下：

```
< div id = " app " >
    < ul >
        < li v-for = "( value,key ) in object " > { {key} }: { {value} } < /li >
    < /ul >
```

```
    </div>
    < script type = " text/javascript" >
        var vm = new Vue({
            el:'#app',
            data:{
                object:{
                    proname:'叉车',
                    price:1450,
                    date:new Date('2021-12-12'),
                }
            }
        })
        Vue. set( vm. object,' address ',' 浙江省衢州市') ;//向对象中添加属性
    </script >
```

运行效果如图 3-19 所示。

图 3-19 输出添加后的属性

如果需要向对象中添加多个响应式属性，可以使用 Object. assign( )方法。在使用该方法时，需要将源对象的属性和新添加的属性合并为一个新的对象。

例如，应用 Object. assign( )方法向对象中添加两个新的属性，代码如下：

```
< div id = " app " >
    < ul >
        < li v-for = "( value, key) in object " >{{key}}:{{value}} </li >
    </ul >
</div >
< script type = " text/javascript " >
    var vm = new Vue({
        el:' #app ',
        data:{
            object:{
                proname:' 叉车 ',
```

```
                           price:1450,
                           date:new Date('2021-12-12'),
                       }
                   }
           })
           vm.object = Object.assign({},vm.object,{
               address:'浙江省衢州市',
               destination:'广东省东莞市'
           });
       </script>
```

运行结果如图 3-20 所示。

图 3-20　输出添加后的属性

3.2.6　应用 v-for 指令遍历整数

v-for 指令也可以遍历整数，接收的整数即为循环次数，根据循环次数将模板重复整数次。

例如，某单位正式员工的工作每增加一年，工龄工资增长 30，输出一个工作 5 年的员工每一年的工龄工资增加情况，代码如下：

```
<div id="app">
    <div v-for="n in 5">员工第{{n}}年工龄工资为{{n*salary}}</div>
</div>
<script type="text/javascript">
    var vm = new Vue({
        el:'#app',
        data:{
            salary:30
        }
    })
</script>
```

运行结果如图 3-21 所示。

图 3-21 输出员工每一年的工龄工资增加情况

【例 3-8】 使用 v-for 指令输出九九乘法表。

代码如下：

```
< div id = " app ">
    < div v-for = " n in 9 ">
        < span v-for = " m in n ">
            {{m}} * {{n}} = {{m * n}}
        </ span >
    </ div >
</ div >
< script type = " text/javascript ">
    var vm = new Vue({
        el:' #app ',
    })
</ script >
```

运行结果如图 3-22 所示。

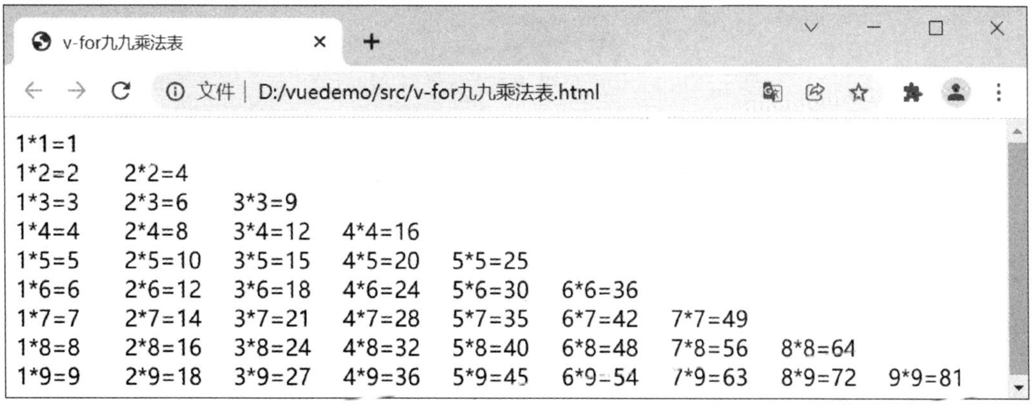

图 3-22 输出九九乘法表

3.3　实　训　任　务

在页面中实现复杂数据的动态渲染。

本　章　小　结

本章主要介绍了 Vue. js 中实现条件判断和列表渲染的相关指令，根据条件判断的指令控制 DOM 的显示和隐藏，根据列表渲染的指令 v-for 对数组或对象进行遍历输出。

思　考　题

3-1　v-if 指令和 v-show 指令在使用上有什么区别？

3-2　向对象中添加响应式属性可以使用哪几种方法？

3-3　Vue. js 中变异方法和非变异方法有何不同？

3-4　应用 v-for 指令可以遍历的数据类型有哪些？

4　计算属性与监听属性

❖ **本章重点**:
　　(1) 计算属性的含义;
　　(2) 计算属性的 getter 和 setter;
　　(3) 计算属性的缓存;
　　(4) 对数据对象中的属性进行监听。

　　在模板中绑定的表达式通常用于简单的运算,如果在模板的表达式中应用过多的业务逻辑,会使模板过重并且难以维护。因此,为了保证模板的结构清晰,对于比较复杂的逻辑,可以使用 Vue. js 提供的计算属性。本章主要介绍了 Vue. js 的计算属性和监听属性的作用。

4.1　计　算　属　性

4.1.1　计算属性的含义

　　计算属性需要定义在 computed 选项中,当计算属性依赖的数据发生变化时,这个属性的值会自动更新,所有依赖该属性的数据绑定也会同步进行更新。
　　在一个计算属性里可以实现各种复杂的逻辑,包括运算、函数调用等。示例代码如下:

```html
<div id ="app">
    <p>原字符串:{{str}}</p>
    <p>新字符串:{{newstr}}</p>
</div>
<script type ="text/javascript">
    var vm = new Vue({
        el:'#app',
        data:{
            str:'HTML5 + JavaScript + Vue. js'
        },
        computed:{
            newstr:function(){
                return this. str. split('+'). join('*');
            }
        }
```

```
    })
</script>
```

运行结果如图4-1所示。

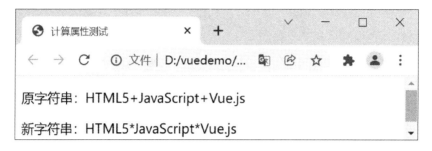

图4-1 输出原字符串和新字符串

上述代码中定义了一个计算属性 newstr，并在模板中绑定了该计算属性。newstr 属性的值依赖于 str 属性的值。当 str 属性的值发生变化时，newstr 属性的值也会自动更新。

除了上述简单的用法，计算属性还可以依赖 Vue 实例中的多个数据，只要其中任一数据发生变化，计算属性就会随之变化，视图也会随之更新。

微课：计算属性统计购物车商品总价

【例4-1】 应用计算属性统计购物车中的商品总价。

代码如下：

```
<div id = "app">
    <div class = "title">
        <div>商品名称</div>
        <div>单价</div>
        <div>数量</div>
        <div>金额</div>
    </div>
    <div class = "content" v-for = "value in shop">
        <div>{{value.name}}</div>
        <div>{{value.price | twoDecimal}}</div>
        <div>{{value.count}}</div>
        <div>{{value.price * value.count | twoDecimal}}</div>
    </div>
    <p>合计:{{totalprice | formatPrice("￥")}}</p>
</div>
<script type = "text/javascript">
    var vm = new Vue({
        el:'#app',
        data:{
```

```
        shop:[{
            name:'叉车',
            price:15000,
            count:3
        },{
            name:'板车',
            price:450,
            count:5
        }]
    },
    computed:{
        totalprice:function(){
            var total=0;
            this.shop.forEach(function(s){
                total+=s.price*s.count;
            });
            return total;
        }
    },
    filters:{
        twoDecimal:function(value){
            return value.toFixed(2);//保留两位小数
        },
        formatPrice:function(value,symbol){
            return symbol+value.toFixed(2);//添加人民币符号并保留两位小数
        }
    }
})
</script>
```

运行结果如图4-2所示。

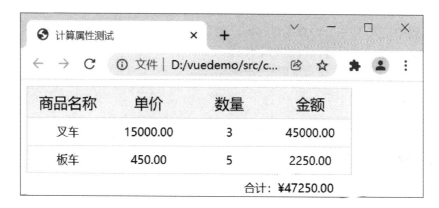

图4-2 输出商品总价

4.1.2　getter 和 setter

　　每一个计算属性都包含一个 getter 和 setter。当没有指明方法时，默认使用 getter 来读取数据。示例代码如下：

```
< div id = " app " >
    < p >姓名:{{fullname}} < /p >
< /div >
< script type = " text/javascript " >
    var vm = new Vue({
        el:'#app',
        data:{
            surname:' 风 ',
            name:' 清扬 '
        },
        computed:{
            fullname:function( ){
                return this. surname + this. name;
            }
        }
    })
< /script >
```

　　运行结果如图 4-3 所示。

图 4-3　输出人物姓名

　　上述代码中定义了一个计算属性 sum，为该属性提供的函数将默认作为 sum 属性的getter，因此，上述代码也可以写成如下代码：

```
< div id = " app " >
    < p >姓名:{{fullname}} < /p >
< /div >
< script type = " text/javascript " >
    var vm = new Vue({
        el:'#app',
        data:{
            surname:' 风 ',
```

```
                name:'清扬'
            },
            computed:{
                fullname:{
                    //getter
                    get:function(){
                        return this. surname + this. name;
                    }
                }
            }
        })
    </script>
```

除了 getter，还可以设置计算属性的 setter。getter 用来执行读取值的操作，而 setter 用来执行设置值的操作，当手动更新计算属性的值时，就会触发 setter，执行一些自定义的操作。示例代码如下：

```
<div id ="app">
    <p>姓名:{{fullname}} </p>
</div>
<script type ="text/javascript">
    var vm = new Vue({
        el:'#app',
        data:{
            surname:'风',
            name:'清扬'
        },
        computed:{
            fullname:{
                //getter
                get:function(){
                    return this. surname + this. name;
                },
                //setter
                set:function(value){
                    this. surname = value. substr(0,1);
                    this. name = value. substr(1);
                }
            }
        }
    })
    vm. fullname ='令狐冲';
</script>
```

运行结果如图4-4所示。

图4-4　输出更新后的值

上述代码中定义了一个计算属性 fullname，在为其重新赋值时，Vue. js 会自动调用 setter，并将新值作为参数传递给 set( )方法，surname 属性和 name 属性会相应进行更新，模板中绑定的 fullname 属性的值也会随之更新。如果在未设置 setter 的情况下为计算属性重新赋值，是不会触发模板更新的。

4.1.3　计算属性的缓存

从上面的示例可以发现，除了使用计算属性外，在表达式中调用方法也可以实现同样的效果。使用方法实现同样效果的示例代码如下：

```
< div id = " app " >
        < p >姓名:{{fullname( )}} < /p >
    < /div >
    < script type = " text/javascript " >
        var vm  =  new Vue( {
            el:' #app ',
            data:{
                surname:' 风 ',
                name:' 清扬 '
            },
            methods:{
                fullname:function( ){
                    return this. surname + this. name;
                }
            }
        })
    < /script >
```

将相同的操作定义为一个方法，或者定义为一个计算属性，两种方式的结果完全相同。然而，不同的是计算属性是基于它们的依赖进行缓存的。使用计算属性时，每次获取的值是基于依赖的缓存值。当页面重新渲染时，如果依赖的数据未发生改变，使用计算属性获取的就一直是缓存值，只有依赖的数据发生改变时才会重新执行 getter。

下面通过一个示例来说明计算属性的缓存，代码如下：

```
< div id =" app ">
    < input type =" text " v-model =" message ">
    < p >{{ message }} </ p >
    < p >{{ getTimeC }} </ p >
    < p >{{ getTimeM( )}} </ p >
</ div >
< script type =" text/javascript ">
    var vm = new Vue({
        el:' #app ',
        data:{
            message:",
            time:' 当前时间 '
        },
        computed:{
            //计算属性的 getter
            getTimeC:function( ){
                var hour = new Date( ).getHours( );
                var minute = new Date( ).getMinutes( );
                var second = new Date( ).getSeconds( );
                return this. time + hour +" :"+ minute +" :"+ second;
            }
        },
        methods:{
            getTimeM:function( ){
                var hour = new Date( ).getHours( );
                var minute = new Date( ).getMinutes( );
                var second = new Date( ).getSeconds( );
                return this. time + hour +" :"+ minute +" :"+ second;
            }
        }
    })
</ script >
```

运行结果如图 4-5 所示。

运行上述代码，在页面中会输出一个文本框，以及分别通过计算属性和方法获取当前时间，结果如图 4-5 所示。在文本框中输入内容后，页面进行重新渲染，这时，通过计算属性获取的当前时间是缓存的时间，而通过方法获取的当前时间是最新的时间。结果如图 4-6 所示。

在该示例中，getTimeC 计算属性依赖于 time 属性。当页面重新渲染时，只要 time 属性未发生改变，多次访问 getTimeC 计算属性会立即返回之前的计算结果，而不会再次执行函数，因此会输出缓存时间。相比之下，每当触发页面重新渲染时，调用 getTimeM( )方法总是会再次执行函数，因此会输出最新的时间。

说明：v-model 指令用来在表单元素上创建双向数据绑定，关于该指令的详细介绍参考第 7 章。

图 4-5　输出当前时间

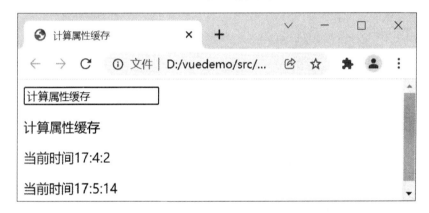

图 4-6　输出缓存时间和当前时间

4.1.4　计算属性与 methods 的区别

相比之下，每当触发重新渲染时，调用方法将总是再次执行函数，那么为什么需要缓存？假设有一个性能开销比较大的计算属性，需要遍历一个巨大的数组并做大量的计算，同时可能还有其他的计算属性依赖于它，如果没有缓存，将不可避免地多次执行。methods 没有缓存，所以每次访问都需重新执行。如果你不需要缓存功能，那么就使用 methods。

下面总结计算属性的特点如下：

（1）计算属性使数据处理结构清晰；

（2）计算属性依赖于数据，若数据更新，则处理结果自动更新；

（3）计算属性内部 this 指向 vm 实例。

4.2　监　听　属　性

4.2.1　监听属性的含义

监听属性是 Vue.js 提供的一种用来监听和响应 Vue 实例中数据变化的方式。在监听数据对象中的属性时，每当监听的属性发生变化，都会执行特定的操作。监听属性可以定义在 watch 选项中，也可以使用实例方法 vm.$watch( )。

在 watch 选项中定义监听属性的示例代码如下：

```
<div id ="app">
  </div>
<script type ="text/javascript">
    var vm  = new Vue({
        el:'#app',
        data:{
            coursename:'前端框架技术'
        },
    })
    vm.$watch('coursename',function(newValue,oldValue){
        alert("原值:" + oldValue +"新值:"+ newValue);
    });
    vm.coursename ='网页脚本技术';//修改属性值
</script>
```

运行结果如图 4-7 所示。

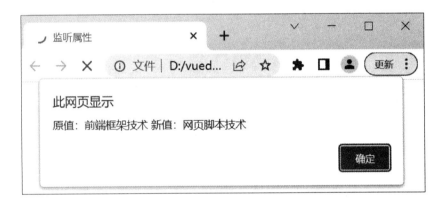

图 4-7　输出属性的原值和新值

上述代码，在 watch 选项中对 fullname 属性进行了监听。当改变该属性时，会执行对应的回调函数，函数中的两个参数 newValue 和 oldValue 分别表示监听属性的新值和旧值。其中第二个参数可以省略。

使用实例方法 vm.$watch( )定义监听属性的示例代码如下：

```
<div id ="app">
    </div>
    <script type ="text/javascript">
        var vm  = new Vue({
```

```
                el:'#app',
                data:{
                    fullname:'宋小宝'
                },
            })
            vm.$watch('fullname',function(newValue,oldValue){
                alert("原值:"+oldValue+"新值:"+newValue);
            });
            vm.fullname='韦小宝';//修改属性值
    </script>
```

上述代码中，应用实例方法 vm.$watch 对 fullname 属性进行了监听。

【例4-2】　应用监听属性实现人民币和美元之间的汇率换算。

代码如下:

```
<div id="app">
        ¥:<input type="number" v-model="rmb"><p>
        $:<input type="number" v-model="dollar"></p>
        {{rmb}}人民币={{dollar|formatNum}}美元
    </div>
    <script type="text/javascript">
        var vm = new Vue({
            el:'#app',
            data:{
                rate:7.2,
                rmb:0,
                dollar:0
            },
            watch:{
                rmb:function(val){
                    this.dollar = val/this.rate;
                },
                dollar:function(val){
                    this.rmb = val*this.rate;
                }
            },
            filters:{
                formatNum:function(value){
                    return value.toFixed(2);
                }
            }
        })
    </script>
```

运行结果如图 4-8 所示。

图 4-8　人民币兑换美元

4.2.2　deep 选项

如果要监听的属性是一个对象，为了监听对象内部值的变化，可以在选项参数中设置 deep 选项的值为 true。示例代码如下：

```
< div id = " app " >
    </div >
< script type = " text/javascript " >
    var vm = new Vue( {
        el : ' #app ',
        data : {
            shop : {
                proname : ' 叉车 ',
                price : 2000
            }
        },
        watch : {
            shop : {
                handler : function( val ) {
                    alert( val. proname + " 新价格为: " + val. price + " 元 " );
                },
                deep : true
            }
        }
    } )
    vm. shop. price = 1650;
</ script >
```

运行结果如图 4-9 所示。

图 4-9   输出商品的新价格

说明: 当监听的数据是一个数组或对象时,回调函数中的新值和旧值是相等的,这是因为这两个形参指向的是同一个数据对象。

4.3 实训任务

在页面中实现只要用户修改任一学科的分数,平均分和总分就会同步改变。

本 章 小 结

本章主要介绍了 Vue. js 的计算属性和监听属性。计算属性更适用大多数情况,但有时也需要对某个属性进行监听。当需要在数据变化响应时执行异步请求或开销较大的操作时,使用监听属性的方式是很有效的。

思 考 题

4-1   使用计算属性有什么作用?
4-2   简述计算属性和方法之间的区别。
4-3   对属性进行监听可以使用哪两种方式?

5　样式绑定

❖ **本章重点：**
(1) class 属性绑定的对象语法；
(2) class 属性绑定的数组语法；
(3) 内联样式的对象语法；
(4) 内联样式绑定的数组语法。

在 HTML 中，通过 class 属性和 style 属性都可以定义 DOM 元素的样式，对元素样式的绑定实际上就是对元素的 class 属性和 style 属性进行操作。class 属性用于定义元素的类名列表，style 属性用于定义元素的内联样式。使用 v-bind 指令可以对这两个属性进行数据绑定。在将 v-bind 用于 class 和 style 时，相比于 HTML，Vue. js 为这两个属性做了增强处理。表达式的结果类型除了字符串之外，还可以是对象或数组。本章主要介绍 Vue. js 中的样式绑定，包括 class 属性绑定和内联样式绑定。

5.1　class 属性绑定

在样式绑定中，首先是对元素的 class 属性进行绑定，绑定的数据可以是对象或数组。下面分别介绍这两种语法。

5.1.1　对象语法

在应用 v-bind 对元素的 class 属性进行绑定时，可以将绑定的数据设置为一个对象，从而动态地切换元素，class 属性绑定为对象主要有以下三种方式。

5.1.1.1　内联绑定

内联绑定即将元素的 class 属性直接绑定为对象的形式，格式如下：

```
< div v-bind:class ="｛active:isActive｝"> </div >
```

上述代码中，active 是元素的 class 类名，isActive 是数据对象中的属性。isActive 是一个布尔值，如果该值为 true，则表示元素使用类名为 active 的样式，否则就不使用。

例如，为 div 元素绑定 class 属性，将字体样式设置为斜体，代码如下：

```
< div id =" app ">
        < div v-bind:class ="｛active:isActive｝">Vue. js 样式绑定 </div >
    </ div >
    < script type =" text/javascript ">
```

```
var vm  =  new Vue({
    el:'#app',
    data:{
        isActive:true//使用 active 类名
    }
})
</script>
```

运行结果如图 5-1 所示。

图 5-1　输出斜体文字

【例 5-1】　在图书列表中，为书名"Java 程序设计实例教程"和"Python 程序设计基础项目化教程"添加颜色。

代码如下：

```
< div id ="app">
    < div class =" item" v-for =" book in books">
        < img v-bind:src ="book. image">
        < span v-bind:class ="{active: book. active}">{{book. bookname}} </span>
    </div>
</div>
< script type =" text/javascript">
    var vm  =  new Vue({
        el:'#app',
        data:{
            books:[{//定义图书信息数组
                bookname:'Java 程序设计实例教程',
                image:'../img/5-1 图书. jpg',
                active:true
            },{
                bookname:'C 语言程序设计',
                image:'../img/5-1 图书2. jpg',
                active:false
            },{
                bookname:'Python 程序设计基础项目化教程',
                image:'../img/5-1 图书3. jpg',
                active:false
```

```
            ]]
        }
    })
</script>
```

运行结果如图 5-2 所示。

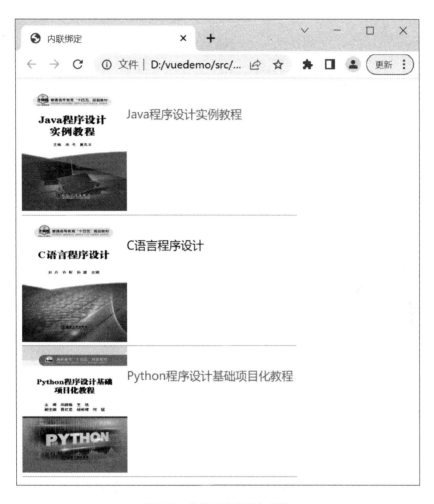

图 5-2　为指定书名添加颜色

在对象中可以传入多个属性来动态切换元素的多个 class。另外，v-bind:class 也可以和普通的 class 属性共存。示例代码如下：

```
<style type="text/css">
    .default{
        text-decoration: underline;
    }
    .size{
        font-size: 18px;
```

```
            }
        . color{
            color: #69f;
        }
    </style>
    <title>设置多个 class</title>
</head>
<body>
    <div id = "app">
        <div class = "default" v-bind:class ="{size:isSize,color:isColor}">Vue. js 样式绑定</div>
    </div>
    <script type = "text/javascript">
        var vm = new Vue({
            el:' #app',
            data:{
                isSize:true,
                isColor:true
            }
        })
    </script>
</body>
```

运行结果如图 5-3 所示。

图 5-3 为元素设置多个 class

上述代码中，由于 isSize 和 isColor 属性的值都为 true，因此结果渲染为：

```
<div class = "default size color">Vue. js 样式绑定</div>
```

当 isSize 或者 isColor 的属性值发生变化时，元素的 class 列表也会进行相应更新。例如，将 isSize 属性值设置为 false，则元素的 class 列表将变为"default color"。

5.1.1.2 非内联绑定

非内联绑定即将元素的 class 属性绑定对象定义在 data 选项中。例如，将 5.1.1.1 节示例中绑定的对象定义在 data 选项中，代码如下：

```
<style type = "text/css">
    . default{
```

```
                text-decoration：underline；
            }
        . size{
            font-size：18px；
        }
        . color{
            color：#69f；
        }
    </style >
    < title >非内联绑定 </title >
</head >
< body >
    < div id =" app" >
        < div class =" default" v-bind：class =" classObject" >Vue. js 样式绑定 </div >
    </div >
    < script type =" text/javascript" >
        var vm = new Vue({
            el：' #app',
            data：{
                classObject：{
                    size：true，
                    color：true
                }
            }
        })
    </script >
</body >
```

运行结果如图 5-3 所示。

5.1.1.3 使用计算属性返回样式对象

可以为元素的 class 属性绑定一个返回对象的计算属性。这是一种常用且强大的模式。例如，将 5.1.1.2 节示例中的 class 属性绑定一个计算属性，代码如下：

```
< div id =" app" >
    < div class =" default" v-bind：class =" show" >Vue. js 样式绑定 </div >
</div >
< script type =" text/javascript" >
    var vm = new Vue({
        el：' #app',
        data：{
            isSize：true，
            isColor：true
```

```
            },
            computed:{
                show:function( ){
                    return{
                        size:this. isSize,
                        color:this. isColor
                    }
                }
            }
        })
    </script>
```

运行结果如图 5-3 所示。

5.1.2　数组语法

在对元素的 class 属性进行绑定时，可以把一个数组传给 v-bind:class，以应用一个 class 列表。将元素的 class 属性绑定为数组同样有三种方式。

5.1.2.1　普通形式

将元素的 class 属性直接绑定为一个数组，代码如下：

```
    < div v-bind:class "[element1,element2]" > </div >
```

上述代码中，element1 和 element2 为数组对象中的属性，它们的值为 class 列表中的类名。

例如，应用数组的形式为 div 元素绑定 class 属性，为文字添加删除线并设置文字大小，代码如下：

```
    < style type ="text/css">
        .line{
            text-decoration: line-through;
        }
        .size{
            font-size:24px;
        }
    </style >
    <title >绑定数组语法</title >
</head >
< body >
    < div id ="app">
        < div v-bind:class ="[lineClass,sizeClass]">Vue. js 样式绑定 </div >
    </div >
    < script type ="text/javascript">
```

```
            var vm = new Vue({
                el:'#app',
                data:{
                    lineClass:'line',//使用 line 类名
                    sizeClass:'size'
                }
            })
        </script>
    </body>
```

运行结果如图 5-4 所示。

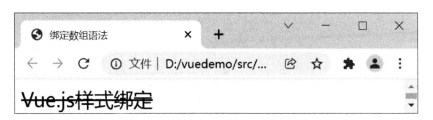

图 5-4　为文字添加删除线设置文字大小

5.1.2.2　在数组中使用条件运算符

在使用数组形式绑定元素 class 属性时，可以使用条件运算符构成的表达式切换列表中的 class。示例代码如下：

```
<div id="app">
    <div v-bind:class="[isLine? 'line' : '',sizeClass]">Vue. js 样式绑定 </div>
</div>
<script type="text/javascript">
    var vm = new Vue({
        el:'#app',
        data:{
            isLine:true,//使用 line 类名
            sizeClass:'size'
        }
    })
</script>
```

上述代码中，sizeClass 属性对应的类名是始终被添加的，而 isLine 只有为 true 时才会添加 line 类。因此，运行结果同样如图 5-4 所示。

5.1.2.3　在数组中使用对象

在数组中使用条件运算符可以实现切换元素列表中 class 的目的。但是，如果使用多个条件运算符，这种写法就比较烦琐。这时，可以在数组中使用对象来更新 class 列表。

例如，将5.1.2.2节示例中应用的条件运算符表达式更改为对象的代码如下：

```
< div id = " app " >
    < div v-bind:class = "[｛line:isLine｝,sizeClass]" > Vue. js 样式绑定 </ div >
</ div >
< script type = " text/javascript " >
    var vm = new Vue(｛
        el:' #app ',
        data:｛
            isLine:true,//使用 line 类名
            sizeClass:' size '
        ｝
    ｝)
</ script >
```

运行结果同样如图 5-4 所示。

5.2　内联样式绑定

在样式绑定中，除了对元素的 class 属性进行绑定之外，还可以对元素的 style 属性进行内联样式绑定，绑定的数据可以是对象或数组。下面分别介绍这两种语法。

5.2.1　对象语法

对元素的 style 属性进行绑定，可以将绑定的数据设置为一个对象。这种对象语法看起来比较直观。对象中的 CSS 属性名可以用驼峰式（camelCase）或短横线分隔（kelab-case），需用单引号括起来命名。将元素的 style 属性绑定为对象主要有以下三种形式。

5.2.1.1　内联绑定

这种形式是将元素 style 属性直接绑定为对象。例如，应用对象的形式为 div 元素绑定 style 属性，设置文字的粗细和大小，代码如下：

```
< div id = " app " >
    < div v-bind:style = "｛fontWeight:weight,' font-size ':font-size + ' px '｝" > Vue. js 样式绑定
</ div >
    </ div >
< script type = " text/javascript " >
    var vm = new Vue(｛
        el:' #app ',
        data:｛
            weight:' bold ',
            fontSize:30
        ｝
```

```
　）
</script>
```

运行结果如图 5-5 所示。

图 5-5　输出文字的加粗显示和大小

5.2.1.2　非内联绑定

该形式是将元素 style 属性绑定的对象直接定义在 data 选项中，这样会使模板更清晰。例如，将 5.2.1.1 节示例中绑定的对象定义在 data 选项中的代码如下：

```
< div id = "app" >
    < div v-bind:style = "styleObject" > Vue. js 样式绑定 </div >
</div >
< script type = "text/javascript" >
    var vm = new Vue({
        el:'#app',
        data:{
            styleObject:{
                fontWeight:'bold',//字体粗细
                'font-size':'30px'
            }
        }
    })
</script >
```

运行结果同样如图 5-5 所示。

【例 5-2】　为电子商城中的搜索绑定样式，将绑定的样式对象定义在 data 选项中。

代码如下：

微课：绑定搜索框样式

```
< div id = "app" >
    < form v-bind:style = "searchForm" >
        < input type = "text" v-bind:style = "searchInput" placeholder = "搜索" >
        < input type = "submit" value = "搜索" v-bind:style = "searchButton" >
    </form >
</div >
< script type = "text/javascript" >
```

```
        var vm = new Vue({
            el:'#app',
            data:{
                searchForm:{//表单样式
                    border:'2px solid #f03726',
                    'max-width':'670px'
                },
                searchInput:{
                    'padding-left':'5px',
                    height:'46px',
                    width:'78%',
                    outline:'none',
                    'font-size':'12px',
                    border:'none'
                },
                searchButton:{
                    width:'20%',
                    height:'46px',
                    float:'right',
                    background:'#f03726',
                    color:'#f5f5f2',
                    'font-size':'18px',
                    cursor:'pointer',
                    border:'none'
                }
            }
        })
    </script>
```

运行结果如图 5-6 所示。

图 5-6　为搜索框设置样式

5.2.1.3　使用计算属性返回样式对象

内联样式绑定的对象语法常常结合返回对象的计算属性使用。例如，将 5.2.1.1 节示例中的 style 属性绑定为一个计算属性的代码如下：

```
< div id = " app " >
    < div v-bind:style = " show " > Vue. js 样式绑定 < /div >
</ div >
< script type = " text/javascript " >
    var vm = new Vue( {
        el:' #app ',
        data: {
            weight:' bold ',
            fontSize:30
        },
        computed: {
            show:function( ) {
                return {
                    fontWeight:this. weight,
                    ' font-size ' :this. fontSize +' px '
                }
            }
        }
    })
</ script >
```

运行结果同样如图 5-5 所示。

5.2.2　数组语法

在对元素的 style 属性进行绑定时，可以使用数组将多个样式对象应用到一个元素上。应用数组的形式进行 style 属性的绑定，可以有以下几种形式。

（1）直接在元素中绑定样式对象。示例代码如下：

```
< div id = " app " >
    < div v-bind:style = " [ {fontSize:' 24px '}, {' font-weight ' :' bold '}, {' text-decoration ' :
' underline'} ] " > Vue. js 样式绑定 < /div >
</ div >
< script type = " text/javascript " >
    var vm = new Vue( {
        el:' #app ',
        data: {
            weight:' bold ',
            fontSize:30
        },
        computed: {
            show:function( ) {
                return {
```

```
                    fontWeight:this. weight,
                    'font-size':this. fontSize+'px'
                }
            }
        }
    })
</script>
```

运行结果如图 5-7 所示。

图 5-7　设置文字的样式

（2）在 data 选项中定义样式对象数组。示例代码如下：

```
<div id="app">
    <div v-bind:style="arrStyle">Vue. js 样式绑定</div>
</div>
<script type="text/javascript">
    var vm = new Vue({
        el:'#app',
        data:{
            arrStyle:[{
                fontSize:'24px',
            },{
                'font-weight':'bold'
            },{
                'text-decoration':'underline'
            }]
        }
    })
</script>
```

运行结果同样如图 5-7 所示。

（3）以对象数组的形式进行绑定。示例代码如下：

```
<div id="app">
    <div v-bind:style="[size,weight,decoration]">Vue. js 样式绑定</div>
</div>
<script type="text/javascript">
```

```
        var vm = new Vue( {
            el:'#app',
            data: {
                size: { fontSize:'24px'} ,
                weight: { 'font-weight' :'bold'} ,
                decoration: { 'text-decoration' :'underline'}
            }
        } )
    </script >
```

运行结果同样如图 5-7 所示。

说明：当 v-bind:style 使用需要特定前缀的 CSS 属性（如 transform）时，Vue. js 会自动侦测并添加相应的前缀。

5.3　实　训　任　务

使用 v-bind 绑定样式，将多个样式对象应用到同一个元素上。

本　章　小　结

本章主要介绍了 Vue. js 中的样式绑定。对于数据绑定，操作元素的 class 列表和内联样式是比较常见的需求。Vue. js 中的样式绑定包括 class 属性绑定和内联样式绑定两种方式。在实际开发中，读者可以根据自己的需要选择一种方式对元素样式进行绑定。

思　考　题

5-1　Vue. js 中的样式绑定有哪两种方式？

5-2　简述将元素的 class 属性绑定为对象的三种方式。

5-3　应用数组语法进行 style 属性的绑定有几种形式？

6　事件处理

❖ **本章重点：**

（1）v-on 指令的使用；

（2）定义事件处理方法；

（3）使用内联 JavaScript 语句；

（4）事件修饰符的应用；

（5）按键修饰符的应用。

在 Vue. js 中，事件处理是一个很重要的环节，它可以使程序的逻辑结构更加清晰，使程序更具有灵活性，能够提高程序的开发效率。本章主要介绍如何应用 Vue. js 中的 v-on 指令进行事件处理。

6.1　事件监听

监听 DOM 事件使用的是 v-on 事件。该指令通常在模板中直接使用，在触发事件时会执行一些 JavaScript 代码。

6.1.1　使用 v-on 指令

在 HTML 中使用 v-on 指令，其后面可以是所有的原生事件名称。基本用法如下：

```
< button v-on:click = " show " >显示 </button >
```

上述代码中，将 click 单击事件绑定到 show( )方法。当单击"显示"按钮时，将执行 show( )方法，该方法在 Vue 实例中进行定义。

另外，Vue. js 提供了 v-on 指令的简写形式"@"。因此，上述代码可改为如下所示的简写形式：

```
< button @ click = " show " >显示 </button >
```

【例6-1】　当单击添加按钮时，会在 < p > 标签里追加实达实工业购，执行 count = count +'实达实工业购 ' 的 JavaScript 代码。

代码如下：

```
< div id = " app " >
        < button v-on:click = " count = count +'实达实工业购 ' " >添加实达实工业购 </button >
        < p > {{count}} </p >
    </div >
```

```
< script type = "text/javascript" >
  new Vue( {
    el:'#app',
    data: {
        count:'实达实工业购'
     },
  } )
</script >
```

运行上述代码，单击 1 次"添加实达实工业购"按钮则添加一次"实达实工业购"，单击 3 次的运行结果如图 6-1 所示。

图 6-1　监听事件

6.1.2　方法事件处理器

由于在以后的开发过程中利用事件处理的逻辑往往都很复杂，因此把 JavaScript 代码直接写在 v-on 指令中显然是不可行的。此时，可以使 v-on 接收一个定义的方法来调用。通常情况下，使用 v-on 指令需要将事件和某个方法进行绑定，绑定的方法作为事件处理器定义在 methods 选项中，代码如下：

```
< div id = "app" >
    < button v-on:click = "show" >显示 </button >
  </div >
< script type = "text/javascript" >
    var vm = new Vue( {
        el:'#app',
        data: {
            name:'脚手架',
            price:800
        },
        methods: {
            show:function( ) {
                alert('商品名称' + this. name +'商品单价' + this. price) ;
            }
```

```
            }
        })
    </script>
```

运行上述代码，单击"显示"按钮会调用 show( )方法，通过该方法输出商品的名称和单价，运行结果如图 6-2 所示。

图 6-2　输出商品名称和单价

【例 6-2】　实现动态改变图片透明度的功能。当鼠标移入图片上时，改变图片的透明度，当鼠标移出图片时，将图片恢复为初始的效果。

代码如下：

```
< div id ="app">
        < img id ="pic" v-bind:src ="url" v-on:mouseover ="visible(1)" v-on:mouseout ="visible(0)">
    </div>
    < script type ="text/javascript">
        var vm = new Vue({
            el:'#app',
            data:{
                url:'../img/工业购电商平台.jpg'
            },
            methods:{
                visible:function(i){
                    var pic = document.getElementById('pic');
                    if(i==1){
                        pic.style.opacity =0.5;
                    }else{
                        pic.style.opacity =1;
                    }
                }
            }
        })
    </script>
```

图 6-3 和图 6-4 为运行结果示意图。

图 6-3　图片初始效果示意图

图 6-4　鼠标移入时改变图片透明度示意图

与事件绑定的方法支持参与 event, 即原生 DOM 事件对象的传入, 示例代码如下:

```html
<div id="app">
    <button v-on:click="show">显示</button>
</div>
<script type="text/javascript">
    var vm = new Vue({
        el:'#app',
        methods:{
            show:function(event){
```

```
                    if( event) {
                        alert("触发事件的元素标签名:" + event. target. tagName);
                    }
                }
            }
        })
    </script>
```

运行上述代码，当单击"显示"按钮时会弹出对话框，如图6-5所示。

图6-5 输出触发事件的元素标签名

【例6-3】 当鼠标指向图片时为图片添加边框，当鼠标移出图片时去除图片边框。
代码如下:

```
< div id = "app" >
    < img :src = "url" @ mouseover = "addBorder" @ mouseout = "removeBorder" >
</ div >
< script type = "text/javascript" >
    var vm = new Vue( {
        el:'#app',
        data:{
            url:'../img/绿茵家居 logo. png'
        },
        methods:{
            addBorder:function( e) {
                e. target. style. border = '1px solid green';
            },
            removeBorder:function( e) {
                e. target. style. border = 0;
            }
        }
    })
</ script >
```

运行结果如图 6-6 和图 6-7 所示。

图 6-6　图片初始效果

图 6-7　为图片添加边框

6.1.3　使用内联 JavaScript 语句

除了直接绑定到一个方法以外，v-on 也支持内联 JavaScript 语句，但只可以使用一个语句。示例代码如下：

```
< div id =" app ">
    < button @ click =" show(' 零基础学 JavaScript ') "> 显示 </button >
</ div >
< script type =" text/javascript ">
    var vm = new Vue( {
        el:' #app ',
        methods: {
            show:function( name ) {
                alert(' 图片名称:' + name);
            }
        }
    } )
</ script >
```

运行上述代码，当单击"显示"按钮时会弹出对话框，结果如图 6-8 所示。

图 6-8　输出图书名称

如果内联语句中需要获取原生的 DOM 事件对象，可以将一个特殊变量 $event 传入方法内。示例代码如下：

```
< div id =" app ">
    < a href =" https://www. zgsds. net/ " @ click =" show(' 实达实工业购欢迎您! ', $event) ">
{{name}} </ a >
</ div >
< script type =" text/javascript ">
    var vm = new Vue( {
        el:' #app ',
        data: {
            name:' 实达实工业购 '
        },
```

```
            methods:{
                show:function(message,e){
                    e.preventDefault();//阻止浏览器默认行为
                    alert(message);
                }
            }
        })
</script>
```

运行上述代码，当单击"实达实工业购"链接时会弹出对话框，结果如图6-9所示。

图6-9　输出欢迎信息

上述代码中，除了向 show( )方法传递一个值外，还传递了一个特殊变量 $event，该变量的作用是当单击超级链接时，对原生 DOM 事件进行处理，应用 preventDefault( )方法阻止该超链接的跳转行为。

6.2　内联样式绑定

在第2章中介绍过，修饰符是以半角句点符号指明的特殊后缀。Vue. js 为 v-on 指令提供了多个修饰符，这些修饰符分为事件修饰符和按键修饰符。

6.2.1　事件修饰符

事件处理程序中经常会调用 preventDefault( )或 stopPropagation( )方法来实现特定的功能。为了处理这些 DOM 事件细节，Vue. js 为 v-on 指令提供了事件修饰符。事件修饰符及其说明见表6-1。

表6-1　事件修饰符及其说明

修饰符	说　　　　明
. stop	相当于调用 event. stopPropagation( )
. prevent	相当于调用 event. preventDefault( )
. capture	使用 capture 模式添加事件监听器

修饰符	说　　　明
. self	只当事件是从监听器绑定的元素本身触发时才触发回调
. once	只触发一次回调
. passive	以（passive：true）模式添加监听器

修饰符可以串联使用，而且可以只使用修饰符，而不绑定事件处理方法。事件修饰符的使用方式如下：

```
<!--阻止单击事件继续传播-->
< a v-on:click. stop =" doSomething " > </a >
<!--阻止表单默认提交事件-->
< form @ submit. prevent =" onSubmit " > </form >
<!--只有当事件是从当前元素本身触发时才调用处理函数-->
< div @ click. self =" doSomething " > </div >
<!--修饰符串联,阻止表单默认值提交事件且阻止冒泡-->
< a @ click. stop. prevent =" doSomething " > </a >
<!--只有修饰符,而不绑定事件-->
< form @ click:submit. prevent > </form >
```

下面是一个应用 stop 修饰符阻止事件冒泡的示例，代码如下：

```
< div id =" app " >
        < div @ click =" show(' div 的事件触发')" > </div >
        < button @ click. stop =" show(' 按钮的事件触发')" >显示 </button >
    </div >
    < script type =" text/javascript " >
        var vm = new Vue({
            el:' #app ',
            methods:{
                show:function( message ){
                    alert( message );
                }
            }
        })
    </script >
```

运行上述代码，当单击"显示"按钮时只会触发按钮的单击事件，弹出的对话框如图 6-10 所示。如果在按钮中未使用 stop 修饰符，当单击"显示"按钮时，不但会触发按钮的单击事件，而且还会触发 div 的单击事件，因此会相继弹出两个对话框。

图 6-10 触发按钮的单击事件弹出对话框

6.2.2 按键修饰符

除了事件修饰符之外，Vue.js 还为 v-on 指令提供了按键修饰符，以便监听键盘事件中的按键。当触发键盘事件时需要检测按键的 keyCode 值，示例代码如下：

```
< input v-on:keyup. 13 = " submit " >
```

上述代码中，应用 v-on 指令监听按键的 keyup 事件。因为键盘中回车键的 keyCode 值是 13，所以，在向文本框中输入内容后，单击回车键就会调用 submit( )方法。

由于记住一些按键的 keyCode 值比较困难，所以 Vue.js 为一些常用的按键提供了别名，见表 6-2。例如，回车键 < Enter > 的别名为 enter，将上述示例代码修改为使用别名的形式，代码如下：

```
< input v-on:keyup. enter = " submit " >
```

表 6-2　常用按键的别名

按　键	keyCode	别名	按　键	keyCode	别名
Enter	13	enter	Tab	9	tab
Backspace	8	delete	Delete	46	delete
Esc	27	esc	Spacebar	32	space
Up Arrow（↑）	38	up	Down Arrow（↓）	40	down
Left Arrow（←）	37	left	Right Arrow（→）	39	right

Vue.js 还提供了一种自定义按键的别名的方式，即通过全局 config. keyCode 对象自定义按键的别名。例如，将键盘中的 F1 键的别名定义为 f1 的代码如下：

```
Vue. config. keyCodes. f1 = 112
```

上述代码中，112 为 F1 键的 keyCode 值。

6.3 实 训 任 务

使用 v-on 监听按钮的单击事件，制作一个简单的计算器功能。

微课：
事件处理

本 章 小 结

　　本章主要介绍了 Vue. js 中的事件处理。通过本章的学习，读者可以熟悉如何应用 v-on （简写@）指令监听 DOM 元素的事件，并通过该事件调用事件处理程序。

思 考 题

6-1　如果在内联语句中需要获取原生的 DOM 事件对象，需要使用什么变量？

6-2　列举常用的两个事件修饰符并说明它们的作用。

7 表单控件绑定

❖ **本章重点:**

(1) 应用 v-model 绑定文本框;

(2) 应用 v-model 绑定复选框;

(3) 应用 v-model 绑定单选按钮;

(4) 应用 v-model 绑定下拉菜单;

(5) 将表单控件的值绑定到动态属性;

(6) 使用 v-model 的修饰符。

在 Web 应用中,通过表单可以实现输入文字、选择选项和提交数据等功能。在 Vue. js 中,通过 v-model 指令可以对表单元素进行双向数据绑定,在修改表单元素值的同时,Vue 实例中对应的属性值也会随之更新,反之亦然。本章主要介绍如何应用 v-model 指令进行表单元素的数据绑定。

7.1 绑定文本框

7.1.1 单行文本框

单行文本框用于输入单行文本。应用 v-model 指令对单行文本框进行数据绑定的示例代码如下:

```
< div id = " app " >
        < p >单行文本框 </p >
        < input v-model = " message " placeholder = " 单击此处进行编辑" >
        < p >当前输入:||message|| </p >
</ div >
< script type = " text/javascript " >
    var vm = new Vue( |
        el:' #app ',
        data:|
            message:' '
        |
    |)
</ script >
```

在文本框中输入一行文字"奋进新征程",运行结果如图 7-1 所示。

图 7-1 单行文本框数据绑定

上述代码中，应用 v-model 指令将单行文本框的值和 Vue 实例中的 message 属性值进行了绑定，当单行文本框中的内容发生变化时，message 属性值也会进行相应更新。

【例 7-1】 根据单行文本框中的关键字搜索指定的图书信息。

代码如下：

```
< div id = " app " >
    < div class = " search " >
        < input type = " text " v-model = " searchStr " placeholder = " 请输入搜索内容 " >
    </ div >
    < div >
        < div class = " item " v-for = " book in results " >
            < img :src = " book. image " alt = " " >
            < span > { { book. bookname } } </ span >
        </ div >
    </ div >
</ div >
< script type = " text/javascript " >
    var vm =  new Vue( {
        el: ' #app ',
        data: {
            searchStr: ' ',      //搜索关键词
            books: [ {      //图书信息数组
                bookname: ' Java 程序设计实例教程 ',
                image: ' .. /img/5-1 图书 . jpg '
            }, {
                bookname: ' C 语言程序设计 ',
                image: ' .. /img/5-1 图书 2. jpg '
            }, {
                bookname: ' Python 程序设计基础项目化教程 ',
                image: ' .. /img/5-1 图书 3. jpg '
            }, {
```

```
                bookname:'Windows Server 2012 R2',
                image:'../img/5-1图书4.jpg'
            },]
        },
        computed:{
            results:function(){
                var books = this.books;
                if(this.searchStr == ''){
                    return books;
                }
                var searchStr = this.searchStr.trim().toLowerCase();//去除空格转换小写
                books = books.filter(function(ele){
                    //判断图书名称是否包含搜索关键字
                    if(ele.bookname.toLowerCase().indexOf(searchStr)! = -1){
                        return ele;
                    }
                });
                return books;
            }
        }
    })
</script>
```

运行结果如图7-2和图7-3所示。

7.1.2　多行文本框

多行文本框又称作文本域,应用v-model指令对文本域进行数据绑定的示例代码如下:

```
<div id="app">
    <p>多行文本框</p>
    <textarea v-model="message" placeholder="单击此处进行编辑"></textarea>
    <p style="white-space:pre">{{message}}</p>
</div>
<script type="text/javascript">
    var vm = new Vue({
        el:'#app',
        data:{
            message:''
        }
    })
</script>
```

运行结果如图7-4所示。

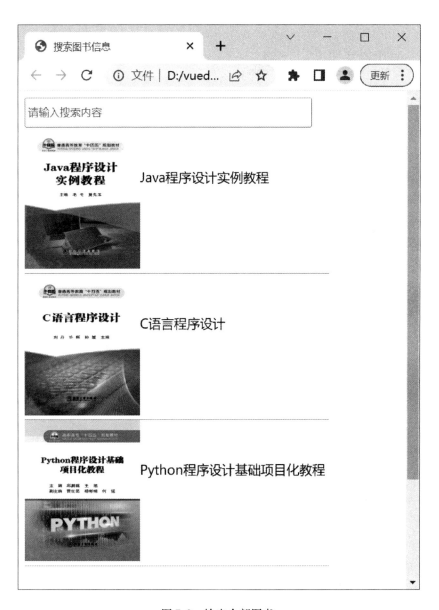

图 7-2　输出全部图书

图 7-3 输出搜索结果

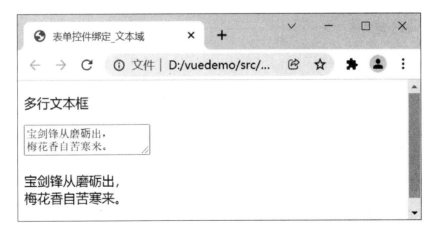

图 7-4 多行文本框数据绑定

7.2 绑定复选框

为复选框进行数据绑定有两种情况：一种是为单个复选框进行数据绑定；另一种是为多个复选框进行数据绑定。

7.2.1　单个复选框

如果只有一个复选框,应用 v-model 绑定的是一个布尔值。示例代码如下:

```
< div id =" app ">
    < p >单个复选框 </p >
    < input type =" checkbox " v-model =" checked " >
    < label for =" checkbox ">checked:{{checked}} </label >
</ div >
< script type =" text/javascript ">
    var vm = new Vue({
        el:'#app',
        data:{
            checked:false//默认不选中
        }
    })
</ script >
```

运行上述代码,当选中复选框时,v-model 绑定的 checked 属性值为 true,否则该属性值为 false,而 label 元素中的值也会随之改变。运行结果如图 7-5 和图 7-6 所示。

图 7-5　未选中复选框

图 7-6　选中复选框

7.2.2　多个复选框

如果有多个复选框,应用 v-model 绑定是一个数组。示例代码如下:

```
< div id = " app " >
        < p > 多个复选框 </p >
        < input type = " checkbox " value = " 叉车 " v-model = " brand " >
        < label for = " forktrunk " > 叉车 </label >
        < input type = " checkbox " value = " 脚手架 " v-model = " brand " >
        < label for = " scaffold " > 脚手架 </label >
        < input type = " checkbox " value = " 板车 " v-model = " brand " >
        < label for = " tray " > 板车 </label >
        < p > 选择的五金品牌: | | brand | | </p >
</div >
< script type = " text/javascript " >
    var vm = new Vue( |
        el: ' #app ',
        data: |
            brand: [ ]                          |
    | )
</ script >
```

运行结果如图 7-7 所示。

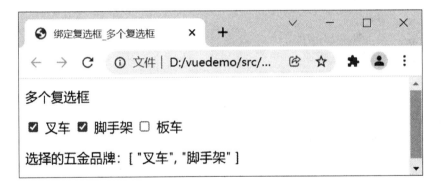

图 7-7　输出选中的选项

上述代码中，应用 v-model 将多个复选框绑定到同一个数组 brand，当选中某个复选框时，该复选框的 value 值会存入 brand 数组中，当取消选中某个复选框时，该复选框的值会从 brand 数组中移除。

【例7-2】　在页面中应用复选框添加用户兴趣爱好选项，并添加"全选""反选"和"全不选"按钮，实现复选框的全选、反选和全不选操作。

代码如下：

```
< div id = " app " >
        < p > 多个复选框 </p >
        < input type = " checkbox " value = " 上网 " v-model = " checkedNames " >
```

```
            <label for = "net"> 上网 </label>
            <input type = "checkbox" value = "旅游" v-model = "checkedNames">
            <label for = "tourism"> 旅游 </label>
            <input type = "checkbox" value = "看书" v-model = "checkedNames">
            <label for = "reading"> 看书 </label>
            <input type = "checkbox" value = "电影" v-model = "checkedNames">
            <label for = "movie"> 电影 </label>
            <input type = "checkbox" value = "游戏" v-model = "checkedNames">
            <label for = "game"> 游戏 </label>
            <p v-if = "checked"> 您的兴趣爱好:{{habbit}} </p>
            <p>
                <button @ click = "allChecked"> 全选 </button>
                <button @ click = "reverseChecked"> 反选 </button>
                <button @ click = "noChecked"> 全不选 </button>
            </p>
    </div>
    <script type = "text/javascript">
        var vm = new Vue({
            el:'#app',
            data:{
                checked:false,
                checkedNames:[],
                checkedArr:["上网","旅游","看书","电影","游戏"],
                tempArr:[]
            },
            methods:{
                allChecked:function(){
                    this. checkedNames = this. checkedArr;
                },
                noChecked:function(){
                    this. checkedNames = [];
                },
                reverseChecked:function(){//反选
                    this. tempArr = [];
                    for(var i = 0;i < this. checkedArr. length;i++){
                        if(! this. checkedNames. includes(this. checkedArr[i])){
                            this. tempArr. push(this. checkedArr[i]);
                        }
                    }
                    this. checkedNames = this. tempArr;
                }
```

```
        },
        computed:{
            habbit:function(){//获取选中的兴趣爱好
                var show = "";
                for(var i =0;i<this.checkedNames.length;i++){
                    show += this.checkedNames[i]+"";
                }
                return show;
            }
        },
        watch:{
            "checkedNames":function(){
                if(this.checkedNames.length>0){
                    this.checked = true;
                }else{
                    this.checked=false;//隐藏兴趣爱好
                }
            }
        }
    })
</script>
```

运行结果如图 7-8 所示。

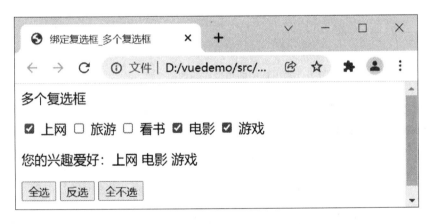

图 7-8　实现复选框的全选、反选及全不选操作

7.3　绑定单选按钮

当某个单选按钮被选中时，v-model 绑定的属性值会被赋值为该单选按钮的 value 值。示例代码如下：

```
<div id="app">
    <input type="radio" value="男" v-model="sex">
    <label for="man">男</label>
    <input type="radio" value="女" v-model="sex">
    <label for="woman">女</label>
    <p>
        您的性别:{{sex}}
    </p>
</div>
<script type="text/javascript">
    var vm = new Vue({
        el:'#app',
        data:{
            sex:''
        }
    })
</script>
```

运行结果如图7-9所示。

图7-9　输出选中的单选按钮的值

【例7-3】　模拟查询话费流量的功能。在页面中定义两个单选按钮"查话费"和"查流量",通过选择不同的单选按钮进行不同的查询。

代码如下:

```
<div id="app">
    <h2>查话费查流量</h2>
    <input type="radio" value="balance" v-model="type">
    <label for="balance">查话费</label>
    <input type="radio" value="traffic" v-model="type">
    <label for="traffic">查流量</label>
    <input type="button" value="查询" @click="check">
    <p v-if="show">{{message}}</p>
</div>
<script type="text/javascript">
```

```
var vm = new Vue({
    el:'#app',
    data:{
        type:'',
        show:false,
        message:"
    },
    methods:{
        check:function(){
            this. show = true;
            //根据选择的类型定义查询结果
            if( this. type == 'balance'){
                this. message = '您的话费余额为6.8元';
            }else if( this. type == 'traffic'){
                this. message = '您的剩余流量为20兆'
            }else{
                this. message = '请选择查询类别'
            }
        }
    }
})
</script>
```

运行结果如图7-10所示。

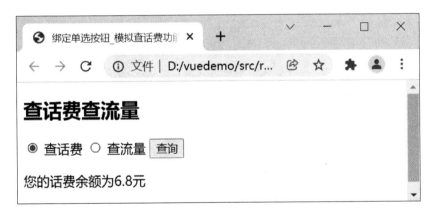

图7-10   通过选择不同的单选按钮进行不同的查询

7.4   绑定下拉菜单

同复选框一样，下拉菜单也分单选和多选两种，所以 v-model 在绑定下拉菜单时也分为两种不同的情况，下面分别进行介绍。

7.4.1 单选

在只提供单选的下拉菜单中，当选择某个选项时，如果为该选项设置了 value 值，则 v-model 绑定的属性值会被赋值为该选项的 value 值，否则会被赋值为显示在该选项中的文本。示例代码如下：

```
< div id = " app " >
    < select v-model = " type " >
        < option value = " " > 请选择种类 </ option >
        < option > 手机 </ option >
        < option > 平板电脑 </ option >
        < option > 笔记本 </ option >
    </ select >
    < p > 选择的种类：{{type}} </ p >
</ div >
< script type = " text/javascript " >
    var vm = new Vue({
        el:' #app ',
        data:{
            type:' '
        }
    })
</ script >
```

运行结果如图 7-11 所示。

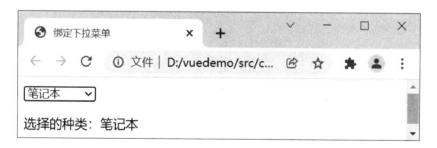

图 7-11　输出选择的选项

可以通过 v-for 指令动态生成下拉菜单中的 option，并应用 v-model 对生成的下拉菜单进行绑定。示例代码如下：

```
< div id = " app " >
    < select v-model = " answer " >
        < option value = " " > 请选择答案 </ option >
        < option v-for = " item in items " :value = " item. value " > {{item. text}} </ option >
    </ select >
    < p > 您的答案：{{answer}} </ p >
```

```
    </div>
    <script type="text/javascript">
        var vm = new Vue({
            el:'#app',
            data:{
                answer:'',
                items:[{
                    text:'A',value:'A'
                },
                {
                    text:'B',value:'B'
                },
                {
                    text:'C',value:'C'
                },
                {
                    text:'D',value:'D'
                }
                ]
            }
        })
    </script>
```

运行结果如图 7-12 所示。

图 7-12　输出选择的选项

7.4.2　多选

如果为 select 元素设置了 multiple 属性，下拉菜单中的选项就会以列表的方式显示，此时，列表框中的选项可以进行多选。在进行多选时，应用 v-model 绑定的是一个数组。示例代码如下：

```
<div id="app">
    <p>选择喜欢的影片类型：</p>
    <select v-model="filmtype" multiple="multiple" size="6">
        <option>武侠片</option>
```

```
                < option > 爱情片 </option >
                < option > 喜剧片 </option >
                < option > 恐怖片 </option >
                < option > 科幻片 </option >
            </select >
            < p >选择的类型:||filmtype|| </p >
        </div >
        < script type ="text/javascript">
            var vm = new Vue({
                el:'#app',
                data:{
                    filmtype:[ ]
                }
            })
        </script >
```

上述代码中，应用 v-model 将 select 元素绑定到数组 filmtype，当选中某个选项时，选项中的文本会存入 filmtype 数组中，当取消选中某个选项时，该选项中的文本会从 filmtype 数组中移除。运行结果如图 7-13 所示。

图 7-13　输出选择的多个选项

【例 7-4】　制作一个简单的选择职位的程序，用户可以在"可选职位"列表框和"已选职位"列表框之间进行选项的移动。

代码如下：

```
< div id ="app">
    < div class ="left">
        < span >可选职位 </span >
        < select size ="6" multiple ="multiple" v-model ="job">
```

```html
            <option v-for = "value in joblist" :value = "value">{{value}}</option>
        </select>
    </div>
    <div class = "middle">
        <input type = "button" value = ">" @click = "toMyjob">
        <input type = "button" value = "<" @click = "toJob">
    </div>
    <div class = "right">
        <span>已选职位</span>
        <select size = "6" multiple = "multiple" v-model = "myjob">
            <option v-for = "value in myjoblist" :value = "value">{{value}}</option>
        </select>
    </div>
</div>
<script type = "text/javascript">
    var vm = new Vue({
        el:'#app',
        data:{
            joblist:['教师','公务员','公司职员','酒店管理','歌手','演员'],
            myjoblist:[],        //已选职位列表
            job:[],          //可选职位列表选中的选项
            myjob:[]          //已选职位列表中的选项
        },
        methods:{
            toMyjob:function(){
                for(var i = 0;i < this.job.length;i ++){
                    this.myjoblist.push(this.job[i]);//添加到已选职位列表
                    var index = this.joblist.indexOf(this.job[i]);//获取选项索引
                    this.joblist.splice(index,1);//从可选职位列表中删除
                }
                this.job = [];
            },
            toJob:function(){
                for(var i = 0;i < this.myjob.length;i ++){
                    this.joblist.push(this.myjob[i]);//添加到可选职位列表
                    var index = this.myjoblist.indexOf(this.myjob[i]);
                    this.myjoblist.splice(index,1);//从已选职位列表移除
                }
                this.myjob = [];
            }
        }
    })
</script>
```

运行结果如图 7-14 所示。

图 7-14　用户选择职位

7.5　值　绑　定

通常情况下，对于单选按钮、复选框及下拉菜单中的选项，v-model 绑定的值通常是静态字符串（单个复选框是布尔值）。但是有时需要把值绑定到 Vue 实例的一个动态属性上，并且该属性可以不是字符串，如数值、对象、数组等，这时可以应用 v-bind 实现。下面介绍在单选按钮、复选框及下拉菜单中如何将值绑定到一个动态属性上。

7.5.1　单选按钮

在单选按钮中将值绑定到一个动态属性上的示例代码如下：

```
< div id = " app " >
    < input type = " radio " :value = " sexObj. man " v-model = " sex " >
    < label for = " man " > 男 </label >
    < input type = " radio " :value = " sexObj. woman " v-model = " sex " >
    < label for = " woman " > 女 </label >
    < p > 您的性别：{{sex}} </p >
</ div >
< script type = " text/javascript " >
    var vm = new Vue({
        el:'#app',
        data:{
            sex:'',
            sexObj:{man:'男',woman:'女'}
        }
    })
</ script >
```

运行结果如图7-9所示。

7.5.2　复选框

在单个复选框中，可以应用true-value和false-value属性将值绑定到动态属性上。示例代码如下：

```
< div id = " app " >
        < input type = " checkbox " :true-value = " yes " :false-value = " no " v-model = " toggle " >
        < label for = " checkbox " > 当前状态:{{toggle}} </label >
    </div >
    < script type = " text/javascript " >
        var vm  =  new Vue({
            el:'#app',
            data:{
                toggle:'',
                yes:'选中',
                no:'取消'
            }
        })
</script >
```

运行结果如图7-15所示。

图 7-15　输出当前选中状态

在多个复选框中，需要使用v-bind进行值绑定，示例代码如下：

```
< div id = " app " >
        <p > 多个复选框 </p >
        < input type = " checkbox " :value = " brands[0] " v-model = " brand " >
        < label > {{brands[0]}} </label >
        < input type = " checkbox " :value = " brands[1] " v-model = " brand " >
        < label > {{brands[1]}} </label >
        < input type = " checkbox " :value = " brands[2] " v-model = " brand " >
        < label > {{brands[2]}} </label >
        <p > 选择的五金品牌:{{brand.join('、')}} </p >
    </div >
    < script type = " text/javascript " >
```

```
        var vm = new Vue({
            el:'#app',
            data:{
                brands:['脚手架','叉车','板车'],
                brand:[ ]
            }
        })
    </script>
```

运行结果如图 7-16 所示。

图 7-16　输出选中的选项

7.5.3　下拉菜单

在下拉菜单中将值绑定到一个动态属性上的示例代码如下：

```
< div id = "app">
        <p>多个复选框</p>
        <select v-model = "product">
            <option :value = "pro[0]">{{pro[0]}}</option>
            <option :value = "pro[1]">{{pro[1]}}</option>
            <option :value = "pro[2]">{{pro[2]}}</option>
        </select>
        <p>选择的五金品牌:{{product}}</p>
    </div>
    < script type = "text/javascript">
        var vm = new Vue({
            el:'#app',
            data:{
                pro:['脚手架','叉车','板车'],
                product:'叉车'
            }
        })
    </script>
```

运行结果如图 7-17 所示。

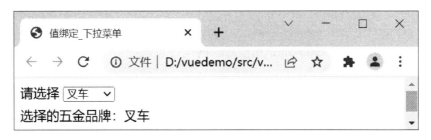

图 7-17　输出选择的选项

7.6　使用修饰符

Vue. js 为 v-model 指令提供了一些修饰符，如 lazy、number、trim 等，通过这些修饰符可以处理某些常规操作。

7.6.1　lazy

默认情况下，v-model 在 input 事件中将文本框的值与数据进行同步，添加 lazy 修饰符后可以转变为使用 change 事件进行同步，示例代码如下：

```
< div id = " app " >
    < input type = " text " v-model. lazy = " message " placeholder = " 单击此处进行编辑">
    < p > 当前输入 : { { message } } < /p >
< /div >
< script type = " text/javascript " >
    var vm  =  new Vue( {
        el : ' #app ',
        data : {
            message : "
        }
    } )
< /script >
```

运行上述代码，只有触发文本框的 change 事件，才会输出文本框中输入的内容，运行结果如图 7-18 所示。

图 7-18　输出文本框中的输入内容

7. 6. 2　number

在 v-model 指令中使用 number 修饰符，可以自动将用户输入转换为数据类型。如果转换结果为 NAN，则返回用户输入的原始值。示例代码如下：

```
< div id = " app " >
    < input type = " text " v-model. number = " message " placeholder = " 单击此处进行编辑 " >
    < p > 当前输入：{{message}} </ p >
</ div >
< script type = " text/javascript " >
    var vm = new Vue( {
        el:' #app ',
        data: {
            message:"
        }
    } )
</ script >
```

运行结果如图 7-19 所示。

图 7-19　输出转换后的数值

7. 6. 3　trim

如果要自动过滤用户输入的字符串首尾空格，则可以为 v-model 指令添加 trim 修饰符。示例代码如下：

```
< div id = " app " >
    < input type = " text " v-model. trim = " message " placeholder = " 单击此处进行编辑 " >
    < p > 当前输入：{{message}} </ p >
</ div >
< script type = " text/javascript " >
    var vm = new Vue( {
        el:' #app ',
        data: {
```

```
                message:"
            }
        })
</script>
```

运行结果如图 7-20 所示。

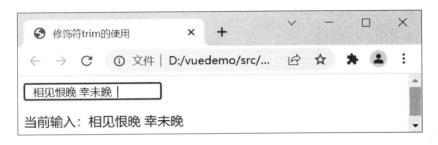

图 7-20 过滤字符串首尾空格

7.7 实 训 任 务

使用 v-model 指令，实现一个简单的计算器功能。

本 章 小 结

本章主要介绍了 Vue.js 中的表单控件绑定，包括对文本框、复选框、单选按钮和下拉菜单进行数据绑定。通过本章的学习，读者可以熟悉如何应用 v-model 指令进行表单元素的数据绑定，使表单操作更加容易。

思 考 题

7-1 为复选框进行数据绑定有两种情况，说出这两种情况的不同。

7-2 在单个复选框中，将值绑定到动态属性上需要应用复选框的哪两个属性？

7-3 Vue.js 为 v-model 指令提供了哪几个修饰符？

8　自定义指令

❖ **本章重点:**
(1) 注册全局自定义指令;
(2) 注册局部自定义指令;
(3) 指令定义对象的钩子函数;
(4) 自定义指令的绑定值。

Vue 除了基本指令外,还允许用户自定义指令。自定义指令是对基本指令的扩展与补充。通过学习自定义指令,读者可以更深入地了解钩子函数的作用,以及钩子函数参数在自定义指令的使用。在不需要更多参数的情况下,指令可以使用函数简写。如果指令需要传入多个值,可以使用对象字面量。

8.1　绑定文本框

除了 Vue 提供的基本指令外（如 v-model 和 v-show）,Vue 也允许注册自定义指令。自定义指令是用来操作 DOM 的。尽管 Vue 推崇数据驱动视图的理念,但并非所有情况都适合数据驱动。而自定义指令可以非常方便地实现和扩展,其不仅可用于定义任何 DOM 操作,而且是可复用的。自定义指令分为全局指令和局部指令。

8.1.1　自定义全局指令

日常生活中,用户打开网站首页,搜索输入框就直接获取焦点。这个功能很常见,可以通过注册一个全局指令 v-focus 实现。该指令的功能是页面加载时,使元素获得焦点。

自定义全局指令使用 Vue. directive（指令 ID,定义对象）,在这里"指令 ID"就是指令的名字,"定义对象"就是一个对象,包含有该指令的钩子函数。钩子函数在第 2 章讲解 Vue 生命周期的时候已经讲过,读者可以回顾第 2 章 Vue 生命周期示例。自定义全局指令语法如下,其中钩子函数均为可选。

```
Vue. directive("指令 ID",{
        //当该指令第一次绑定到元素上时调用,只调用一次,可以用来执行初始化操作(简言之,指令绑定到元素)
        bind:function() {
            alert("bind");
        },
        //被绑定有自定义指令的元素插入 DOM 中时调用,在这里是插入到了 #container 中(简言之,元素插入到 DOM 元素中)
```

```
        inserted:function( ) {
            alert(" inserted ")
        },
        //当被绑定的元素所在模板更新时调用
        update:function( ) {
            alert(" update ")
        },
        //当被绑定的元素所在模板完成一次更新时调用
        componentUpdated:function( ) {
            alert(" componentUpdated ")
        },
        //当指令和元素解绑的时候调用,只执行一次
        unbind:function( ) {
            alert(" unbind! ")
        }
    } )
```

【例8-1】 根据以上提到的方式，打开百度首页搜索输入框直接获取焦点，自定义一个全局指令 v-focus。

自定义全局指令代码如下：

```
< div id =" app " >
        < p > 页面载入时自动,input 元素自动获取焦点 </ p >
        < input type =" text " v-focus >
    </ div >
    < script type =" text/javascript " >
        Vue. directive(" focus ", {
                //被绑定有自定义指令的元素插入 DOM 中时调用,在这里是插入到了#container
中(简言之,元素插入 DOM 元素中)
                inserted: function( el) {
                    //使 input 元素获取焦点
                    el. focus( )
                }
        } )
    var vm = new Vue( {
            el:' #app ',
        } )
    </ script >
```

需要说明的是，例 8-1 的 el 指的就是当前指令绑定的 DOM 元素，运行后光标定位在文本框中，直接获取焦点。运行结果如图 8-1 所示。

说明： 自定义全局指令需要在创建的实例之前注册，这样组件才能在实例中调用。

图 8-1　自定义全局指令获取焦点

8.1.2　自定义局部指令

在 Vue 实例中使用 directive 选项可以注册一个局部指令，局部指令只能在这个实例中使用。语法如下：

```
new Vue({
    el:'#app',
    directives:{
        //定义局部指令
    }
})
```

【例 8-2】　修改例 8-1，使用自定义局部指令实现元素自动获取焦点。

自定义局部指令代码如下：

```
< div id = " app " >
        < p > 页面载入时自动,input 元素自动获取焦点 </ p >
        < input type = " text " v-focus >
    </ div >
    < script type = " text/javascript " >
        var vm = new Vue({
            el:'#app',
            directives:{
                //注册一个局部的指令 v-focus
                focus:{
                    //指令的定义
                    inserted:function( el ){
                        //聚焦元素
                        el. focus( );
```

```
                        }
                    }
                }
            })
    </script>
```

运行效果与自定义全局指令相同。

8.1.3　案例分析

下面通过实际的应用场景和案例分析自定义指令通常用法。

【例8-3】　定义可拖拽元素。

```
<div id="app">
        <p>注意要先给元素加上 position 定位属性,v-drag 拖拽是通过更改 top 和 left 值来实现
的</p>
        <div class="drag" v-drag></div>
    </div>
    <script type="text/javascript">
        var vm = new Vue({
            el:'#app',
            data:{}
        })
        Vue.directive("drag",function(el){//el 指的是当前绑定的 div
            el.onmousedown = function(e){
                var strX = e.pageX-this.offsetLeft;
                var strY = e.pageY-this.offsetTop;
                document.onmousemove = function(e){
                    el.style.left = e.pageX-strX + "px";
                    el.style.top = e.pageY-strY + "px";
                };
                document.onmouseup = function(){
                    document.onmousemove = document.onmouseup = null;
                }
            }
        })
    </script>
```

编写代码时需要注意先给元素加上 position 定位属性,v-drag 拖拽是通过更改 top 和 left 值来实现的,代码运行后拖动 div 层,网页上的图片会跟随鼠标的移动而移动,效果如图8-2和图8-3所示。

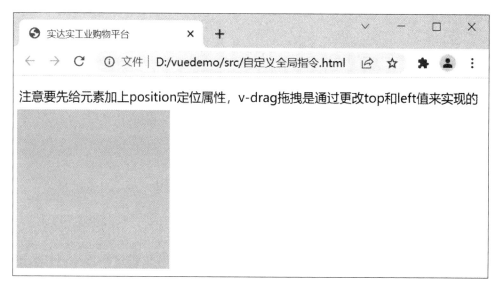

图 8-2　拖拽之前的效果

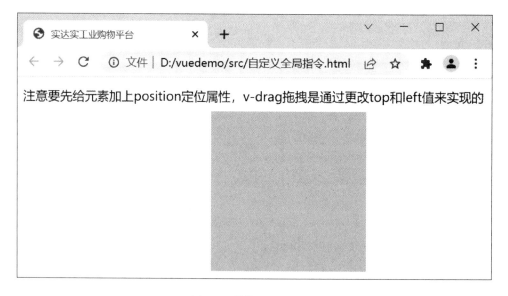

图 8-3　拖拽之后的效果

8.2　钩 子 函 数

一个指令的定义对象可以提供 5 种可选钩子函数，包括 bind、inserted、update、componentUpdated、unbind，每个钩子函数的作用在自定义指令中已经介绍过。

读者可能已经发现其实钩子函数可以有参数，如下面代码中的 inserted 钩子函数的参数 el。

```
Vue. directive("focus",{
        /*当该指令第一次绑定到元素上时调用,只调用一次,可以用来执行初始化操作
(简言之,指令绑定到元素)
        bind:function(){
            alert("bind");
        },*/
        //被绑定有自定义指令的元素插入到 DOM 中时调用,在这里是插入到了#container
中(简言之,元素插入到 DOM 元素中)
        inserted: function(el){
            //使 input 元素获取焦点
            el. focus()
        }
})
```

其实除了 el,钩子函数还有其他的参数,指令钩子函数会被传入以下参数。

(1) el:指令所绑定的元素,可以用来直接操作 DOM。

(2) binding:一个对象,包含以下属性。

1) name:指令名,不包括 v-前缀。

2) value:指令的绑定值,例如 v-my-directive = "1 + 1" 中,绑定值为 2。

3) oldValue:指令绑定的前一个值,仅在 update 和 comonentUpdated 钩子中可用,且无论值是否改变都可用。

4) expression:字符串形式的指令表达式。例如 v-my-directive = "1 + 1" 中,表达式为"1 + 1"。

5) arg:传给指令的参数可选。例如 v-my-directive:foo 中,参数为"foo"。

6) modifiers:一个包含修饰符的对象。例如 v-my-directive:foo. bar 中,修饰符对象为(foo:true,bar:true)。

(3) vnode:Vue 编译生成的虚拟节点。

(4) oldVnode:上一个虚拟节点,仅在 update 和 componentUpdated 钩子中可用。

通过下面这个实例,可以直观地了解钩子函数的参数和相关属性的使用,代码如下:

```
< div id = "hook-arguments-example" v-demo:foo. a. b = "message" > </div >
< script type = "text/javascript" >
        Vue. directive('demo',{
        bind: function (el, binding, vnode) {
    var s = JSON. stringify
        el. innerHTML =
    'name: '        + s(binding. name) + '<br>' +
    'value: '       + s(binding. value) + '<br>' +
    'expression: ' + s(binding. expression) + '<br>' +
    'argument: '   + s(binding. arg) + '<br>' +
    'modifiers: '  + s(binding. modifiers) + '<br>' +
    'vnode keys: ' + Object. keys(vnode). join(',')
```

```
    }
})
new Vue({
    el: '#hook-arguments-example',
    data: {
        message: 'hello!'
    }
})
</script>
```

运行结果如图 8-4 所示。

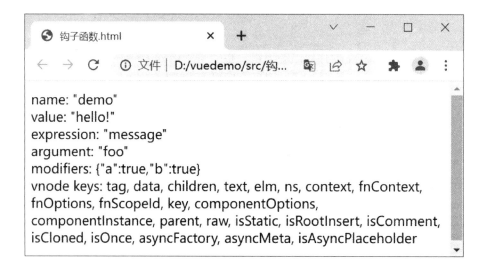

图 8-4 输出结果

【例 8-4】 在页面中定义一张图片和一个文本框，在文本框中输入展示图片边框宽度的数字，实现为图片设置边框的功能。

代码如下：

```
<div id="app">
    边框宽度: <input type="text" v-model="border">
    <p>
        <img src="../img/5-1 图书 2.jpg" width="180" height="245" v-set-border="border">
    </p>
</div>
<script type="text/javascript">
    var vm = new Vue({
        el: '#app',
        data: {
            border:"
```

```
        },
        directives:{
            setBorder:{
                update:function(el,binding){
                    el.border = binding.value;//设置元素边框
                }
            }
        }
    })
</script>
```

运行结果如图 8-5 所示。

图 8-5　为图片设置边框

有些时候，可能只需要使用 bind 和 update 钩子函数，这时可以直接传入一个函数代替定义对象。示例代码如下：

```
Vue.directive('set-bgcolor',function(el,binding){
    el.style.backgroundColor = binding.value.color
})
```

【例 8-5】　在页面中定义一个下拉菜单和一行文字，通过选择下拉菜单中的选项实现为文字设置大小的功能。

代码如下：

```
<div id="app">
    <label for="">选择文字大小</label>
    <select v-model="size">
        <option value="20px">20px</option>
        <option value="30px">30px</option>
        <option value="40px">40px</option>
        <option value="50px">50px</option>
        <option value="60px">60px</option>
    </select>
    <p v-font-size="size">在平淡的岁月 守候笃定的幸福</p>
</div>
<script type="text/javascript">
    var vm = new Vue({
        el:'#app',
        data:{
            size:'20px',
        },
        directives:{
            fontSize:function(el,binding){
                el.style.fontSize = binding.value;
            }
        }
    })
</script>
```

运行结果如图8-6所示。

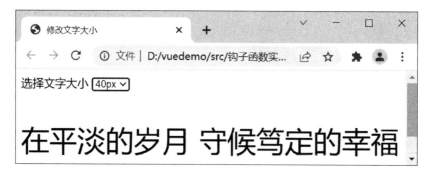

图8-6 调整文字大小

8.3 自定义指令的绑定值

自定义指令的绑定值除了可以是 data 中的属性之和外，还可以是任意合法的 JavaScript 表达式，如数值常量、字符串常量、对象字面量等。下面分别进行介绍。

8.3.1　绑定数值常量

例如，注册一个自定义指令，通过该指令设置定位元素的左侧位置，将该指令的绑定值设置为一个数值，该数值即为被绑定元素到页面左侧的距离。示例代码如下：

```
< div id = " app " >
        < p v-set-position = "60 " >越努力,越幸运 </ p >
    </ div >
    < script type = " text/javascript " >
        Vue. directive(' set-position ',function( el ,binding) {
            el. style. position = ' fixed ',
            el. style. left = binding. value + ' px '
    } )
        var vm = new Vue( {
            el:' #app ',
            data : {
            }
    } )
    </ script >
```

运行结果如图 8-7 所示。

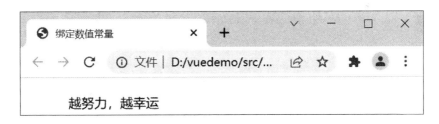

图 8-7　设置文本与页面左侧距离

8.3.2　绑定字符串常量

将自定义的绑定值设置为字符串常量需要使用单引号。例如，注册一个自定义指令，通过该指令设置文本的颜色，将该指定的绑定值设置为字符串 ' #0000ff '，该字符串即为被绑定元素设置的颜色。示例代码如下：

```
< div id = " app " >
        < p v-set-color = " ' #0000ff ' " >奋进新时代 </ p >
    </ div >
    < script type = " text/javascript " >
        Vue. directive(' set-color ',function( el ,binding) {
            el. style. color = binding. value ;
    } )
        var vm = new Vue( {
```

```
                el:' #app '
        } )
    </script >
```

运行结果如图 8-8 所示。

图 8-8   设置文本颜色

8.3.3   绑定对象字面量

如果指令需要多个值，可以传入一个 JavaScript 对象字面量。注意，此时对象字面量不需要使用单引号引起来。例如，注册一个自定义指令，通过该指令设置文本的大小和颜色，将该指令的绑定值设置为对象字面量。示例代码如下：

```
< div id =" app ">
        < p v-set-style ="｛size:30,color:' gray '｝">天行健,君子以自强不息 </p >
    </div >
    < script type =" text/javascript ">
        Vue. directive(' set-style ',function( el,binding)｛
            el. style. fontSize = binding. value. size +' px ';//设置字体大小
            el. style. color  = binding. value. color;//设置文字颜色
        } )
        var vm  =  new Vue( ｛
            el:' #app '
        } )
    </script >
```

运行结果如图 8-9 所示。

图 8-9   设置文本样式

8.4　实　训　任　务

通过编程实现购物车功能，单击"＋""－"按钮，可以更改购买数量；单击删除按钮时，可以删除对应的商品。

微课：实现
购物车功能

本　章　小　结

本章主要介绍了 Vue. js 中自定义指令的注册和使用，包括注册全局自定义指令和局部自定义指令的方法，以及指令定义对象中的钩子函数，通过本章的学习，读者可以更深入地了解指令在 Vue. js 中起到的作用。

思　考　题

8-1　注册自定义指令有几种方法？说出这几种方法的不同之处。

8-2　列举出 3 个指令定义对象中的钩子函数，并说明它们的作用。

8-3　列举自定义指令的绑定值的几种形式。

9　Vue 组件的应用

❖ **本章重点：**

（1）注册全局组件和局部组件；

（2）应用 Prop 实现数据传递；

（3）创建自定义组件；

（4）slot 插槽内容分发；

（5）动态组件的使用。

组件是 Vue. js 最强大的功能之一。通过开发组件可以封装可复用的代码，将封装好的代码注册成标签，实现扩展 HTML 元素的功能。几乎任意类型应用的界面都可以抽象为一个组件树（见图 9-1），而组件树可以用独立可复用的组件来构建。本章主要介绍 Vue. js 中的组件化开发。

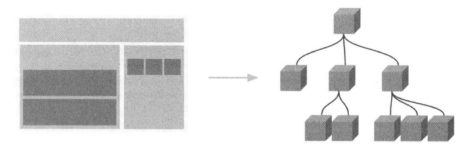

图 9-1　组件树

9.1　注　册　组　件

在使用组件之前需要将组件注册到应用中，Vue. js 提供了两种注册方式，分别是全局注册和局部注册。

9.1.1　注册全局组件

全局组件可在所有实例中使用。注册一个全局组件的语法格式如下：

> Vue. component(tagName, options)

该方法中的两个参数说明如下。

（1）tagName。该参数表示定义的组件名称。对于组件的命名，建议遵循 W3C 规范中的自定义组件命名方式，即字母全部小写并包含一个连字符"-"。

（2）options。该参数既可以是应用 Vue. extend( )方法创建的一个组件构造器，也可以是组件的选项对象。因为组件是可复用的 Vue 实例，所以它们与一个 Vue 实例一样接收相同的选项（el 选项除外），如 data、computed、watch、methods 及生命周期钩子等。

说明： 全局组件需要在创建的实例之前注册，这样才能使组件在实例中调用。

组件在注册后，可以在创建 Vue 实例中以自定义元素的形式进行使用。使用组件的方式如下：

```
< tagName > </ tagName >
```

例如，注册一个简单的全局组件，示例代码如下：

```
< div id = " app " >
    < my-component > </ my-component >
</ div >
< script type = " text/javascript " >
    //创建组件构造器
    var myComponent  =  Vue. extend( {
        template:'< h2 >注册全局组件 </h2 >'
    } );
    //注册全局组件
    Vue. component(' my-component ', myComponent )
    //创建根实例
    var vm  =  new Vue( {
        el:'#app'
    } )
</ script >
```

运行结果如图 9-2 所示。

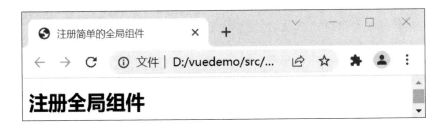

图 9-2　输出全局组件

上述代码使用了组件构造器的方式，也可以在注册的时候直接传入选项对象而不是构造器。例如，将上述代码修改为直接传入选项对象的方式，代码如下：

```
< div id = " app " >
        < my-component > </ my-component >
    </ div >
    < script type = " text/javascript " >
```

```
        //注册全局组件
        Vue. component(' my-component ', {
            template:' < h2 > 注册全局组件 </h2 >'
        })
        //创建根实例
        var vm = new Vue( {
            el:' #app '
        })
    </script >
```

说明: 为了使代码更简化,建议在注册组件的时候采用直接传入选项对象的方式。

组件的模板只能有一个根元素。如果模板内容有多个元素,可以将模板的内容包含在一个元素内。示例代码如下:

```
< div id = " app " >
        < my-component > </my-component >
    </div >
    < script type = " text/javascript " >
        //注册全局组件
        Vue. component(' my-component ', {
            template:' < div >
                < h2 > 全局组件 </h2 >
                < span > 全局组件可在所有实例中使用 </span > </div >'
        })
        //创建根实例
        var vm = new Vue( {
            el:' #app '
        })
    </script >
```

运行结果如图 9-3 所示。

图 9-3　输出模板中多个元素

需要注意的是,组件选项对象中的 data 和 Vue 实例中的 data 选项是不同的,一个组件的 data 选项是一个函数,而不是一个对象。这样的好处是每个实例可以维护一份被返回对象的独立的复制。示例代码如下：

```
< div id = " app " >
        < button-count > </button-count >
        < button-count > </button-count >
        < button-count > </button-count >
    </ div >
    < script type = " text/javascript " >
        //注册全局组件
        Vue. component( ' button-count ', {
            data:function( ) {
                return {
                    count:0
                }
            },
            template:' < button v-on:click = " count + + " >单击了！ {{count}}次 </button > '
        })
        //创建根实例
        var vm = new Vue({
            el:' #app '
        })
    </ script >
```

上述代码中定义了3个相同的按钮组件。当单击某个按钮时，每个组件都会各自独立维护其 count 属性，因此单击一个按钮时其他组件不会受到影响。运行结果如图9-4所示。

图 9-4　按钮单击次数

9.1.2　注册局部组件

通过 Vue 实例中的 components 选项可以注册一个局部组件。对于 components 对象中的每个属性来说，其属性名就是定义组件的名称，其属性值就是这个组件的选项对象。局部组件只能在当前实例中使用。例如，注册一个简单的局部组件的示例代码如下：

```
< div id = " app " >
        < my-component > </my-component >
    </ div >
    < script type = " text/javascript " >
```

```
        var Child = {
            template:'<h2>注册局部组件</h2>'
        }
        //创建根实例
        var vm = new Vue({
            el:'#app',
            components:{
                'my-component':Child//注册局部组件
            }
        })
    </script>
```

运行结果如图 9-5 所示。

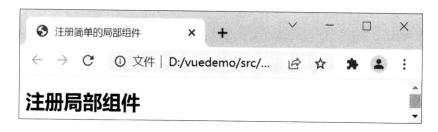

图 9-5　输出局部组件

　　局部注册的组件只能在其父组件中使用，而无法在其他组件中使用。例如，有两个局部组件 componentA 和 componentB，如果希望 componentA 在 componentB 中可用，则需要将 componentA 定义在 componentB 的 components 选项中。示例代码如下：

```
<div id="app">
    <my-component></my-component>
</div>
<script type="text/javascript">
    var Child = {
        template:'<h2>这是子组件</h2>'
    }
    var Parent = {
        template:'<div>\
            <h2>这是父组件</h2>\
            <child-component></child-component>\
            </div>',
        components:{
            'child-component':Child
        }
    }
    //创建根实例
```

```
            var vm = new Vue({
                el:'#app',
                components:{
                    'my-component':Parent//注册局部组件
                }
            })
    </script>
```

运行结果如图9-6所示。

图9-6　输出父组件和子组件

9.2　数 据 传 递

9.2.1　Prop 的含义

　　因为组件实例的作用域是孤立的，所以子组件的模板无法直接引用父组件的数据。如果想要实现父子组件之间数据的传递，就需要定义 Prop。Prop 是父组件用来传递数据的一个自定义属性，这样的属性需要定义在组件选项对象的 props 选项中。通过 props 选项中定义的属性可以将父组件的数据传递给子组件，而子组件中需要显示的用 props 选项来声明 Prop。示例代码如下：

```
<div id="app">
        <my-component message="奋进新时代"></my-component>
    </div>
    <script type="text/javascript">
        //注册全局组件
        Vue.component('my-component',{
            props:['message'],//传递 prop
            template:'<p>{{message}}</p>'


        })
        var vm = new Vue({
```

```
        el:'#app'
    })
</script>
```

运行结果如图 9-7 所示。

图 9-7　输出传递的数据

一个组件默认可以有任意数量 Prop，任何值都可以传递给 Prop。

9.2.2　Prop 的大小写规则

因为在 HTML 页面中的属性是不区分大小写的，所以浏览器会把所有大小写字母解析为小写字符。如果在调用组件时使用了驼峰式命名的属性，那么在 props 中的命名需要全部小写。

代码如下：

```
<div id="app">
    <my-component myTitle="奋斗新征程"></my-component>
</div>
<script>
    //注册全局组件
    Vue.component('my-component',{
        props:['mytitle'],
        template:'<p>{{mytitle}}</p>'
    })
    //创建根实例
    var vm = new Vue({
        el:'#app'
    })
</script>
```

如果在 props 中的命名采用的是小驼峰的方式，即 props:['myTitle']，那么按照以上代码执行程序时，浏览器会给出相应的警告提示，如图 9-8 所示。

该如何避免出现这种情况呢？细心的读者可能会发现，在给出的提示信息中最后一句提供了解决方法，即 You should probably use "my-title" instead of "myTitle"。在 DOM 模板中调用组件时，需要在命名属性中添加横线分隔的命名方式，如果使用字符串模板，则没有这些限制。

```
⚠ ▶[Vue tip]: Prop "mytitle" is passed to component          vue.js:640
  <Anonymous>, but the declared prop name is "myTitle". Note that HTML
  attributes are case-insensitive and camelCased props need to use their
  kebab-case equivalents when using in-DOM templates. You should probably
  use "my-title" instead of "myTitle".

  You are running Vue in development mode.                    vue.js:9108
  Make sure to turn on production mode when deploying for production.
  See more tips at https://vuejs.org/guide/deployment.html
```

图 9-8　Prop 大小写浏览器警告提示

代码如下：

```
< div id =" app ">
      < my-component my-title =" 奋斗新征程 "> </my-component >
  </ div >
  < script >
      //注册全局组件
      Vue. component(' my-component ', {
          props:[' myTitle '],
          template:'< p > {{myTitle}} </ p >'
      })
      //创建根实例
      var vm = new Vue({
          el:' #app '
      })
  </script >
```

9. 2. 3　props 动态传递

props 中的值传递分为静态数据传递和动态传递。动态传递可通过 v-bind 的方式将父组件中的 data 数据传递给子组件，当父组件的数据发生变化时，子组件会随之发生改变。

代码如下：

```
< div id =" app ">
      < my-component v-bind:hardware =" hardware "> </my-component >
  </ div >
  < script >
      //注册全局组件
      Vue. component(' my-component ', {
          props:[' hardware '], //传递 prop
          template:'< p > DTC 五金销量达到了{{hardware}}亿元 </ p >'
      })
      //创建根实例
      new Vue({
          el:' #app ',
```

```
                data:{
                    hardware:230
                }
            })
    </script>
```

运行结果如图9-9所示。

图9-9 输出传递的动态Prop

以上代码中，当修改根实例中hardware的值时，组件中的值也会被修改。另外，在调用组件时也可以简写为<my-component:hardware="hardware"></my-component>。

【例9-1】 启用动态props传递数据，输出五金的照片、名称和描述信息。

代码如下：

```
<div id="app">
    <my-hardware :img="imgUrl" :name="name" :description="description"></my-hardware>
</div>
<template id="temp1">
    <div>
        <img :src="img" alt="">
        <p class="hardware_name">{{name}}</p>
        <p class="hardware_des">{{description}}</p>
    </div>
</template>
<script>
    var hardware = {
        props:['img','name','description'],
        template:'#temp1',
    }
    //创建根实例
    var vm = new Vue({
        el:'#app',
        data:{
            imgUrl:'../img/方头梅花插件.jpg',
```

```
                name：'方头梅花插件'，
                description：'扭矩扳手'
            }，
            //注册局部组件 hardware
            components：{
                'my-hardware'：hardware
            }
        })
    </script>
```

运行结果如图 9-10 所示。

图 9-10　输出图片信息

使用 Prop 传递数据除了可以是数值和字符串类型之外，还可以是数组或对象类型，传递数组类型数据的代码如下：

```
<div id="app">
        <my-item :list="type"></my-item>
    </div>
    <script>
        //注册全局组件
        Vue.component('my-item',{
            props：['list']，
            template：'<div>\
                <li v-for="item in list">{{item}}</li>\
                </div>'
```

```
    })
    //创建根实例
    var vm = new Vue({
        el:'#app',
        data:{
            type:['脚手架','叉车','方头梅花插件']
        }
    })
</script>
```

运行结果如图9-11所示。

图9-11　输出组件

说明：如果Prop传递的是一个对象或数组，那么它是按引用传递的，在子组件内修改这个对象或数组本身将会影响父组件的状态。

在传递对象类型的数据时，如果想要将一个对象的所有属性都作为Prop传入，那么可以使用不带参数的v-bind，代码如下：

```
<div id="app">
    <my-shop v-bind="shop"></my-shop>
</div>
<script>
    //注册全局组件
    Vue.component('my-shop',{
        props:['name','price','number'],
        template:'<div>\
        <div>名称:{{name}}</div>\
        <div>价格:{{price}}</div>\
        <div>数量:{{number}}</div>\
        </div>'
    })
    //创建根实例
    var vm = new Vue({
        el:'#app',
```

```
            data:{
                shop:{
                    name:'方头梅花插件',
                    price:130,
                    number:5
                }
            }
        })
    </script >
```

运行结果如图 9-12 所示。

图 9-12　输出商品信息

9.2.4　props 验证

props 验证可以进行一个预检查，类似于在函数调用之前先检查函数的参数类型。存在这种情况：在使用组件时，可能对于组件要接受的参数有什么要求并不是很清楚，因此传入的参数可能会在子组件开发人员的意料之外，程序就会发生错误。Vue. js 提供的 props 验证有很多种，下面举例进行介绍。

【例 9-2】　props 验证练习。

```
< div id = " app " >
    < my-props v-bind:message = " message " > </my-props >
</ div >
< script >
    Vue. component(' my-props ',{
        props:{
            message:String
        },
        template:' < div > {{message}} </div >'
    })
    //创建根实例
    var vm = new Vue({
        el:' #app ',
```

```
        data:{
            message:"678 "
        }
    })
</script>
```

运行例9-2中的props验证，在页面上渲染出message的内容，此时，修改代码message：678，再来看结果如何。发现浏览器报错，提示不是有效的prop，如图9-13所示。

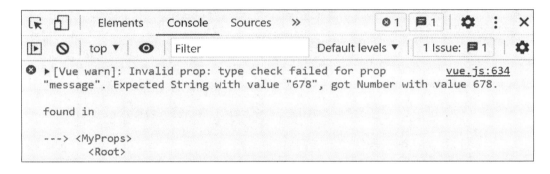

图9-13　props验证

因为在程序中使用了props验证，要求message的type值是String。

```
props:{
        message:String
}
```

接受多个类型时允许参数为多种类型之一，可以使用数组来表示，修改代码为：

```
props:{
        message:[String,Number]
}
```

再次运行程序没有提示错误，能够指定的类型包括String、Number、Boolean、Function、Object、Array，也可以使用required选项来声明是否必须传入。

```
props:{
        message:[String,Number]
            required:true
}
```

使用的情况总结如下：

```
props:{
        //propA 只接受数值类型的参数
        propA:Number,
        //propB 可以接受字符串类型和数值类型参数
```

```
propB:[String,Number],
//propC 可以接受字符串类型的参数,并且这个参数必须传入
propC:{
  type:String,
  required:true
},
//propD 接受数值类型的参数,如果不传入,默认是 100
propD:{
  type:Number,
  required:100
},
//propE 接受对象参数类型的参数
propE:{
  type:Object,
  default:function(){
    return {
      message:' Hello,world! '
    }
  }
},
//propF 自定义一个验证器
propF:{
  validator:function(value){
    return value > = 0 && value < = 100;
  } }
```

9.3 自定义事件

父组件通过使用 Prop 为子组件传递数据,但如果子组件要把数据传递回去,就需要使用自定义事件来实现。

9.3.1 自定义事件的监听和触发

父组件可以像处理原生 DOM 事件一样通过 v-on 监听子组件实例的自定义事件,而子组件可以调用内部的 $emit() 方法传入事件名称来触发该事件。

```
$emit()语法格式如下:
vm. $emit(eventName,[...args])
```

其中,eventName 为传入事件的名称;[...args] 为触发事件传递的参数,该参数是可选的。

【例 9-3】 在页面中定义一个按钮和一行文本,通过单击按钮实现放大文本的功能。
代码如下:

```
< div id = "app" >
        < div v-bind:style = "{fontSize:fontSize + 'px'}" >
                < com1 v-bind:text = 'text' v-on:enlarge = 'add' > </com1 >
        </div >
</div >
< template id = "temp1" >
        < div >
                < button v-on:click = "action" >放大文本</button >
                < p >{{text}}</p >
        </div >
</template >
< script >
    var com1 = {
            props:['text'],
            template:'#temp1',
            methods:{
                action:function() {
                    this.$emit('enlarge')
                }
            }
    }
    var vm = new Vue({
            el:'#app',
            data:{
                text:'奋斗新征程',
                fontSize:14
            },
            methods:{
                add:function() {
                    this.fontSize += 2
                }
            },
            components:{
                com1
            }
    })
</script >
```

运行结果如图9-14所示。

例9-3采用了父组件向子组件传值的方法，实现单击按钮放大文本效果。有些情况下需要在自定义事件中传递一个特定的值，这时可以用$emit()方法的第二个参数来实现，在父组件监听这个事件后，可以通过$event访问到这个传递的值。

图 9-14 单击按钮放大文本

例如，修改例 9-3 中的代码，实现每次单击按钮"放大文本"按钮，将文本大小增加 5px。

代码如下：

```
< div id = " app " >
        < div v-bind:style = " | fontSize:fontSize + ' px ' | " >
                < com2 v-bind:text = " text " v-on:enlarge = " fontSize + = $ event " > </com2 >
        </div >
</div >
< template id = " temp1 " >
        < div >
                < button v-on:click = " action( 5) " > 放大文本 </button >
                < p > | | text | | </p >
        </div >
</template >
< script >
    var com2  = |
        props: [' text ' ],
        template:' #temp1 ',
        methods: |
            action:function( value) |
                this. $ emit(' enlarge ',value) ;//触发 enlarge 事件
            |
        |
    |
    //创建根实例
    var vm  =  new Vue( |
        el:' #app ',
        data: |
            text:' 奋斗新征程 ',
            fontSize:14,
        |,
        //注册局部组件
```

```
                components: {
                    com2
                }
        })
    </script>
```

　　在项目开发的时候，通常需要用户自己开发组件，以便在项目中复用。下面通过一个实例完整地学习如何创建自定义组件。通过自定义组件模拟下拉列表效果，其效果如图9-15 和图 9-16 所示。

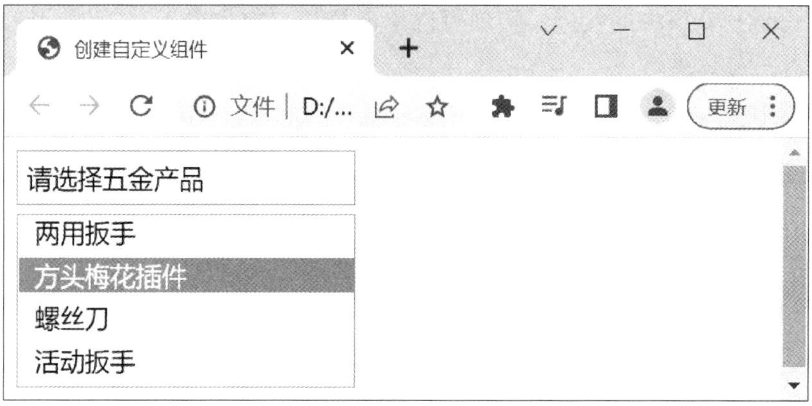

图 9-15　自定义组件的效果一

图 9-16　自定义组件的效果二

　　当单击"请选择五金产品"下拉按钮的时候，五金产品下拉列表会显示出来。选中一个产品以后，被选中的产品就会显示在该页面中。实现该案例时，首先要进行组件注册。该实例使用全局组件和局部组件均可实现。参考代码如下：

```
< div id = " app " >
    < div class = " main clearfix " >
        < div class = " main-box left " >
            < hardware > </hardware >
        </div >
```

```
                </div >
            </div >
            <script >
                Vue. component('hardware', {
                    template：'< div class ="hardware">
< div class ="hardware-top clearfix">
< div class ="selection-show" @ click ="showSelectListFunc">
< span >{{input}}</span >
</div >
</div >
< hardware-list
                        v-on：setvalue ="setvalue"
                        v-bind：show ="showSelectList"
> </hardware-list >
</div >',
                    data：function () {
                        return {
                            input：'请选择五金产品',
                            showSelectList：false,
                            value："",
                            isShow：false,
                            spanDownShow：true,
                            spanUpShow：false
                        }
                    },
                    methods：{
                        showSelectListFunc：function () {
                            this. showSelectList = true;
                        },
                        hideSelectListFunc：function () {
                            this. showSelectList = false;
                        },
                        setvalue：function (list, show) {
                            this. input = list;
                            this. showSelectList = ! show;
                        }
                    }
                })
                Vue. component('hardware-list', {
                    template：'< ul
                                class ="hardware-bottom"
                                v-show ="show"
```

```
              >
              <li
                          v-for ="list in lists"
                          v-on:click ="selectList(list)"
              >{{list}}</li>
              </ul>',
                      props:['show'],
                      data:function(){
                          return{
                              lists:[
                                  '两用扳手',
                                  '方头梅花插件',
                                  '螺丝刀',
                                  '活动扳手',
                              ]
                          }
                      },
                      methods:{
                          selectList:function(list){
                              this.$emit('setvalue',list,this.show);
                          }
                      }
                  })
                  var app = new Vue({
                      el:'#app',
                      data:{}
                  })
              </script>
```

上述代码中使用了组件嵌套，父组件 hardware 中使用了子组件 hardwarelist，并实现了组件的通信。父组件将值下发给子组件，子组件使用 v-for 指令将列表值显示出来。只要改变父组件的值，子组件中的列表值就会改变。当使用 $emit() 触发事件实现选中子组件的列表项时，该列表项的值便可以传递父组件。

9.3.2　将原生事件绑定到组件

如果想在某个组件的根元素上监听一个原生事件，可以使用 v-on 的 native 修饰符。例如，在组件的根元素上监听 click 事件，当单击组件时弹出"欢迎访问本网站"的对话框。参考代码如下：

```
<div id ="app">
    <my-component v-on:click.native ="opendialog"></my-component>
</div>
```

```
< template id = " temp " >
    < div >
        < button > 单击按钮弹出对话框 </button >
    </ div >
</ template >
< script >
    var myComponent = {
        template:' #temp '
    }

    var vm = new Vue( {
        el:' #app ',
        methods: {
            opendialog:function( ) {
                alert(' 欢迎访问本网站! ')
            }
        },
        components: {
            ' my-component ' :myComponent
        }
    })
</ script >
```

运行结果如图 9-17 所示。

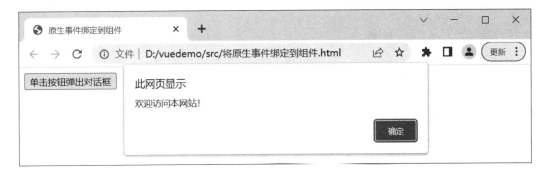

图 9-17   单击按钮弹出对话框

9.4 内 容 分 发

Vue 框架实现了一套内容分发的 API，使用 < slot > 标签作为承载分发内容的出口。官网中对 < slot > 解释为"插槽"。slot 插槽为父组件提供了安插内容到子组件中的方法，slot可以理解为一个可以插入的槽口，类似插座的插孔。当需要组件组合使用，混合父组件的内容与子组件的模板时，就会用到 slot，这种方式称为内容分发。也就是说，当组件的内容由父组件决定时，就会使用 slot。内容分发非常适用于"固定部分 + 动态部分"的组件场景。固定部分可以是结构固定，也可以是逻辑固定，这使编写的组件更加灵活，实现组件的高度复用。

9.4.1　单个插槽

在子组件中使用特殊的 < slot > 元素可以为这个子组件启动一个 slot。在父组件模板中，插入在子组件标签内的所有内容将代替子组件的 < slot > 标签的内容。参考代码如下：

```html
<div id="app">
    <h1>我是父组件的标题</h1>
        <my-component>
            <p>精品推荐 1</p>
            <p>精品推荐 2</p>
        </my-component>
</div>
<template id="temp">
    <div>
        <h2>我是子组件的标题</h2>
        <slot>
            <p>如果父组件没有插入内容,我将作为默认出现</p>
        </slot>
        <div>
</template>
<script>
    var com = {
        template:'#temp'
    }
    var vm = new Vue({
        el:'#app',
        components:{
            'my-component':com
        }
    })
</script>
```

在上述代码中，组件"my-component"的模板中定义了一个 < slot > 元素，并用一个 < p > 作为默认的内容，在父组件没有使用 < slot > 时，会渲染这段默认的文本；如果写入了 < slot > ，则会替换整个 < slot > 。在子组件中使用单个插槽的页面渲染效果如图 9-18 所示。

子组件中的 slot 可理解为一个占位符，最初在 < slot > 标签的内容都被视为备用内容，并且只有在父组件为空，且没有需要插入的内容时才显示备用内容。 < slot > 标签的具体内容由父组件进行分发，父组件分发的内容也可以是遍历以后的内容。

图 9-18 在子组件中使用单个插槽的页面渲染效果

参考代码如下：

```
< div id =" app ">
    < h3 > slot 插槽—父组件分发的元素可以遍历 </h3 >
    < my-component >
        < div >
            < li v-for =' item in products ' >{{item. username}}--{{item. text}} </li >
        </div >
    </my-component >
    < template id =" temp ">
        < ul >
            < hr >
            < slot >默认内容 </slot >
            < hr >
        </ ul >
    </ template >
</ div >
< script >
    var com = {
        template:' #temp '
    }
    var vm = new Vue({
        el:' #app ',
        data:{
            products:[
                {
                    username:' 扳手供应商 ',
                    text:' 两用快板 '
                },
```

```
                            {
                                username:'螺丝批供应商',
                                text:'一字螺丝批'
                            },
                            {
                                username:'钳类供应商',
                                text:'钢丝钳'
                            }
                        ]
                    },
                    components:{
                        'my-component':com
                    }
                })
        </script>
```

在上述代码中，父组件遍历了 data 选项中的对象数组 products，并将其分发到子组件的 slot 中。父组件分发遍历后的元素效果如图 9-19 所示。

图 9-19 父组件分发遍历元素

9.4.2 具名插槽

上面的实例模板中只有一个 slot，如果一个组件中想使用多个 slot，就需要使用具名 slot。在使用了组件中的 slot 之后，则组件的部分内容变成了动态的。一个组件中如果有多个部分的内容是动态的，则需要为 < slot > 元素指定一个 name 属性。具有 name 属性的插槽被称为具名插槽。具名插槽可以分发多个内容，多个 < slot > 可以有不同的名字，具名 slot 将匹配模板内容片段中有对应 slot 特性的元素，也可以与单个插槽并存，代码如下：

```
< div id = "app" >
    < my-component >
        < h1 slot = "header" > 页面标题 </h1 >
        < p > 主要内容的一个段落 </p >
```

```
                <p>另一个主要段落</p>
                <div slot="footer">
                    <address>这里有一些联系信息</address>
                </div>
        </my-component>
</div>
<script>
    Vue. component(' my-component ', {
        template:'
                <div class="container">
                    <header>
                        <slot name="header">
                        </slot>
                    </header>
                    <main><slot></slot>
                    </main>
                    <footer>
                        <slot name="footer"></slot>
                    </footer>
                </div>
            '
    })
    var vm = new Vue( {
        el:' #app '
    })
</script>
```

在上述代码中有一个匿名 slot，它是默认 slot，作为找不到匹配内容片段的备用插槽。如果没有默认的 slot，那些找不到匹配的内容片段将被抛弃。程序运行结果如图 9-20 所示。

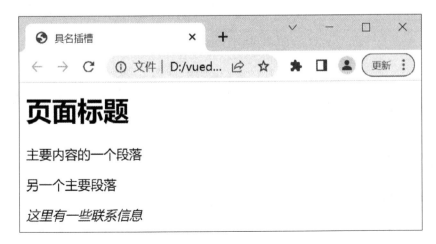

图 9-20　具名 slot 插槽

【**例 9-4**】　在页面中输出简单商品信息，包括商品图片、商品名称和商品价格，并将商品图片作为默认插槽的内容。

代码如下：

```
<div id="app">
    <my-slot>
        <img :src="pic">
        <template v-slot:name>{{name}}</template>
        <template v-slot:description>{{description}}</template>
    </my-slot>
</div>
<script>
    Vue.component('my-slot',{
        template:'
            <div>
                <div class="pic">
                    <slot></slot>
                </div>
                <div class="name">
                    <slot name="name"></slot>
                </div>
                <div class="description">
                    <slot name="description"></slot> //名称为 description 的插槽
                </div>
            </div>
        '
    })
    var vm = new Vue({
        el:'#app',
        data:{
            pic:'../img/方头开口插件.jpg',
            name:'方头开口插件',
            description:'经久耐用,换头方便,特别适合狭小空间中使用'
        }
    })
</script>
```

运行结果如图 9-21 所示。

9.4.3　作用域插槽

使用了 <slot> 元素后，子组件可以向父组件传递数据，从而实现与父级的通信。Vue. js 还提供了另外一种通信方式。在父级中，具有特殊属性 scope 的 template 元素被称

图 9-21　输出简单商品信息

为作用域插槽模板。scope 的值对应一个临时变量名，此变量用于接收从子组件中传递的 props 对象。参考代码如下：

```
< div id =" app " >
    < h1 > slot 作用域插槽 </h1 >
    < my-component >
        < template scope =" myProps " >
            < span > 这里是父组件传入的数据！ </span >
            < span > 这里是父组件从子组件接收到的数据,{{ myProps. text }},格式化后再
分发给插槽 </span >
        </template >
    </my-component >
</div >
< template id =" temp " >
    < div class =" container " >
        < slot text =' hello from child ' > </slot >
    </div >
</template >
< script >
    var com = {
        template:' #temp '
    }
    var vm = new Vue({
        el:' #app ',
        components:{
            ' my-component ' :com
```

```
        }
    })
</script>
```

使用组件标签 < my-component > 中要有 < template scope = " myProps " > 标签，再通过
{{myProps. text}} 就可以调用组件模板中的 < slot text = ' hello from child ' > </slot > 绑定的
数据，所以作用域插槽是一种子组件向父组件传递数据的方式，解决了管道 slot 在 parent
中无法访问 my-component 数据的问题。程序运行结果如图 9-22 所示。

图 9-22　slot 作用域插槽

作用域插槽代表性的用例是列表组件，允许在 parent 父组件上对列表项进行自定义显
示，该 items 的所有列表项都可以通过 slot 定义后传递给父组件使用，也就是说，数据在
相同的、不同的场景页面可以有不同的展示方式。

【例 9-5】　在页面中输出一个著名景点的信息列表，包括景点编号、景点名称、景点
特色和景点地址。运行效果如图 9-23 所示。

代码如下：

```
< div id = " app " >
    < my-list :scenicitems = ' scenicspots ' odd-bgcolor = ' #D3DDE6 ' even-bgcolor = ' #E5E6F6 ' >
        < template v-slot:default = ' slotProps ' >
            < span > {{scenicspots[ slotProps. index ]. id}} </span >
            < span > {{scenicspots[ slotProps. index ]. name}} </span >
            < span > {{scenicspots[ slotProps. index ]. description}} </span >
            < span > {{scenicspots[ slotProps. indcx ]. addrcss}} </span >
        </template >
    </my-list >
</div >
< template id = " temp " >
    < div class = " scenicspots " >
        < div >
            < span >编号 </span >
```

```
                <span>景点名称</span>
                <span>景点特色</span>
                <span>景点地址</span>
            </div>
            <div v-
for="(item,index) in scenicitems" :style="index % 2 ===0? 'background:' + oddBgcolor:'background:' +
evenBgcolor">
                <slot :index='index'></slot>
            </div>
        </div>
    </template>
    <script>
        var com = {
            template:'#temp',
            props:{
                scenicitems:Array,
                oddBgcolor:String,
                evenBgcolor:String
            }
        }
        var vm = new Vue({
            el:'#app',
            components:{
                'my-list':com
            },
            data:{
                scenicspots:[{
                        id:1,
                        name:'万里长城',
                        description:'长城于 1987 年 12 月被列为世界文化遗产',
                        address:'北京市'
                    },
                    {
                        id:2,
                        name:'桂林山水',
                        description:'被誉为"桂林山水甲天下"',
                        address:'桂林市'
                    },
                    {
                        id:3,
                        name:'北京故宫',
                        description:'世界之最,中国古建筑中的杰作',
```

```
                address: '北京市'
            },
            {

                id: 4,
                name: '杭州西湖',
                description: '"中国十大风景名胜"之一,世界遗产名录',
                address: '杭州市'
            },
            {

                id: 5,
                name: '苏州园林',
                description: '苏州素有"人间天堂"的美誉',
                address: '苏州市'
            }
        ]
    }
})
</script>
```

图9-23 输出景点信息列表

9.5 动 态 组 件

通过使用保留的 < component > 元素动态地绑定到其 is 特性上，可以使多个组件使用同一个挂载点，并动态进行切换。根据"v-bind:is =' 组件名 '"中的组件名可自动匹配组件，如果匹配不到，则不显示。动态组件通常用于路由控制或选项卡切换中。下面通过一个切换页面选项卡的实例说明动态组件的基础用法。

【例 9-6】 应用动态组件实现多 Tab 选项卡的切换。

代码如下：

```
< div id =" app ">
    < div class =" tabcard ">
        < ul class =" mainmenu " :class =' current '>
            < li class =" joy " v-on:click =" current =' joy '">娱乐 </li>
            < li class =" military " v-on:click =" current =' military '">军事 </li>
            < li class =" news " v-on:click =" current =' news '">新闻 </li>
        </ul>
        < component  :is =' current '> </component>
    </div>
</div>
<script>
    //创建根实例
    var vm = new Vue({
        el: '#app',
        data: {
            current: 'joy'
        },
        //注册局部组件
        components: {
            joy: {
                template: '< div >娱乐内容 </div >'
            },
            military: {
                template: '< div >军事内容 </div >'
            },
            news: {
                template: '< div >新闻内容 </div >'
            }
        }
    })
</script>
```

运行结果如图 9-24 所示。

图 9-24 输出娱乐选项卡内容

在多个组件之间进行切换的时候，有时需要保持这些组件的状态，将切换后的状态保留在内存中，以避免重复渲染。为了解决这个问题，可以用一个 < keep-alive > 元素将动态组件包含起来。下面以例 9-6 为基础，对其代码进行修改来说明应用 < keep-alive > 元素实现组件缓存的效果。

【**例 9-7**】 应用动态组件实现 **Tab** 选项卡的切换，并实现选项卡内容的缓存效果。代码如下：

```
< div id = " app " >
    < div class = " tabcard " >
        < ul class = " mainmenu " :class = ' current ' >
            < li class = " joy " v-on:click = " current = ' joy ' " >娱乐 </li >
            < li class = " military " v-on:click = " current = ' military ' " >军事 </li >
            < li class = " news " v-on:click = " current = ' news ' " >新闻 </li >
        </ul >
        < keep-alive >
            < component :is = ' current ' > </component >
        </keep-alive >

    </div >
</div >
< script >
    //创建根实例
    var vm = new Vue( {
        el: ' #app ',
        data: {
            current: ' joy '
        },
        components: {
```

```
                                joy：{
                                    data：function（）{
                                        return {
                                            subcur：'sportsHealthcare'
                                        }
                                    },
                                    template：'<div class="sub">'
                        <div class="submenu">
                            <ul :class="subcur">
                                <li class="sportsHealthcare" v-on:click="subcur='sportsHealthcare'">运
动保健型</li>
                                <li class="amusement" v-on:click="subcur='amusement'">游乐刺激型
</li>
                                <li class="viewing" v-on:click="subcur='viewing'">观赏体验型</li>
                            </ul>
                        </div>
                        <component :is="subcur"></component>
                    </div>',
                                    components：{  //注册子组件
                                        sportsHealthcare：{
                                            template：'<div>活动项目主要包括球类、游泳池、健身房等内容
</div>',
                                        },
                                        amusement：{
                                            template：'<div>游乐刺激型内容</div>',
                                        },
                                        viewing：{
                                            template：'<div>观赏体验型内容</div>',
                                        }
                                    }
                                },
                                military：{
                                    template：'<div>军事内容</div>'
                                },
                                news：{
                                    template：'<div>新闻内容</div>'
                                }
                            }
                        }
                    });
                </script>
```

运行代码中有"娱乐""军事""新闻"3 个类别选项卡，结果如图 9-25 所示。默认显
示"娱乐"选项卡下"运动保健型"栏目的内容。单击"游乐刺激型"栏目可以显示对

应的内容，如图 9-26 所示。

图 9-25　输出"运动保健型"选项卡内容

图 9-26　输出"游乐刺激型"选项卡内容

9.6　实训任务：使用组件实现购物车功能

9.6.1　实训任务描述

以组件的方法实现购物车的功能，单击"＋"或"－"按钮时，商品"数量"加或减，商品"总价"也随之加或减。

9.6.2　实训任务设计

（1）创建 HTML 文件。

（2）引入 Vue. js 文件。

（3）注册并添加 my-main 组件。

（4）注册并添加 my-cart 组件。

微保：使用
组件实现
购物车功能

9.6.3 实训任务参考代码

代码如下：

```html
<div id="app">
    <my-main></my-main>
</div>
<template id="temp1">
    <div class="container">
        <table class="table table-bordered text-center" border="1">
            <thead>
                <tr>
                    <th class="text-center">编号</th>
                    <th class="text-center">名称</th>
                    <th class="text-center">单价</th>
                    <th class="text-center">数量</th>
                    <th class="text-center">总价</th>
                </tr>
            </thead>
            <my-cart v-bind:arrs='list'></my-cart>
        </table>
    </div>
</template>
<template id="temp2">
    <tbody>
        <tr v-for="(value,index) in arrs">
            <td>{{index+1}}</td>
            <td>{{value.pname}}</td>
            <td>{{value.price}}</td>
            <td>
                <button @click='add(index)'>+</button>
                <span>{{value.count}}</span>
                <button @click='reduce(index)'>-</button>
            </td>
            <td>{{value.sub}}</td>
        </tr>
        <tr>
            <td colspan="5">总价:¥{{sum}}</td>
        </tr>
    </tbody>
</template>
```

```
</body >
< script >
    //my-main 组件
    Vue. component(' my-main ', {
        template:' #temp1 ',
        data:function( ) {
            return {
                list:[
                    {pname:' huawei ',price:3000,count:2,sub:6000},
                    {pname:' xiaomi ',price:2800,count:1,sub:2800},
                    {pname:' apple ',price:8000,count:1,sub:8000}
                ]
            }
        }
    })
    //my-cart 组件
    Vue. component(' my-cart ', {
        props:[' arrs '],
        template:' #temp2 ',
        data:function( ) {
            return {
                sum:16800
            }
        },
        methods:{
            add:function(ind) {
                //数量
                this. arrs[ind]. count + + ;
                //改变小计
                this. arrs[ind]. sub = this. arrs[ind]. count * this. arrs[ind]. price
                this. total( )
            },
            reduce:function(ind) {
                //数量
                if( this. arrs[ind]. count > 0) {
                    this. arrs[ind]. count--;
                }
                //小计
                this. arrs[ind]. sub = this. arrs[ind]. count * this. arrs[ind]. price
```

```
                this. total( )
            },
            total:function( ){
                for( var i =0,tota =0;i < this. arrs. length;i + + ){
                    total + = this. arrs[i]. sub
                }
                this. sum = total
            }
        }
    })
    var vm  =  new Vue( {
        el:'#app'
    })
```

9.6.4　实训任务解析

在上述代码中，父组件 my-main 调用了子组件 my-cart，父组件将数据 list 通过 props 传递给子组件，并通过子组件中的函数计算后显示总价。程序运行效果如图 9-27 所示。

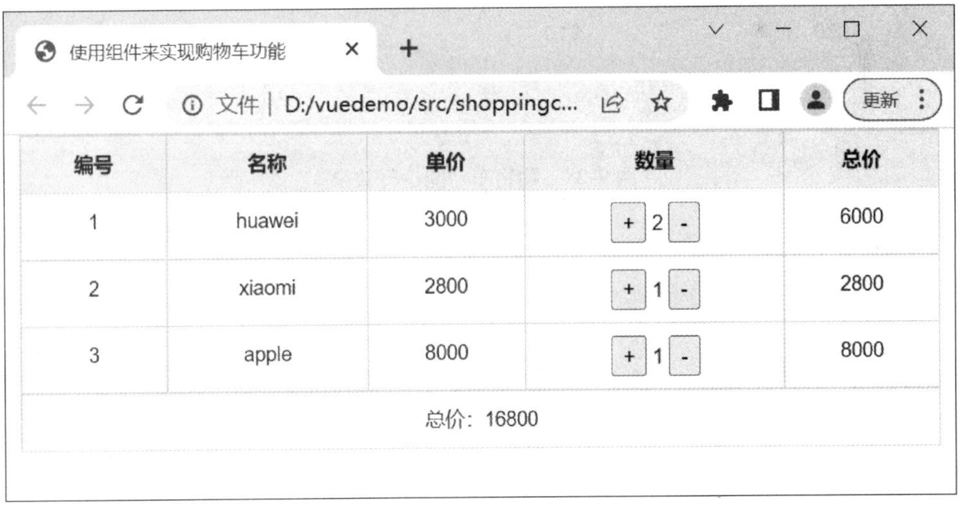
使用组件来实现购物车功能
文件 | D:/vuedemo/src/shoppingc...
更新
编号 名称 单价 数量 总价
1 huawei 3000 + 2 - 6000
2 xiaomi 2800 + 1 - 2800
3 apple 8000 + 1 - 8000
总价：16800

图 9-27　程序运行效果

本 章 小 结

本章主要介绍了 Vue. js 中的全局组件和局部组件的注册与使用、Vue 组件间的通信、Vue 中的内容分发和动态组件等内容，并以实例讲解了如何使用组件实现购物车功能。

思 考 题

编写一个购物车组件，实现如图 9-28 所示的页面效果。

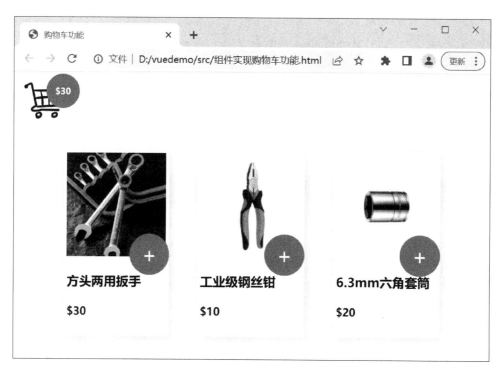

图 9-28　购物车功能运行效果

10 Vue 样式的应用

❖ **本章重点**:
(1) 过渡与动画的概述;
(2) 过渡的原理;
(3) 单元素、多元素的过渡;
(4) 多个组件的过渡;
(5) 列表过渡的应用。

10.1 transition 组件

在 CSS3 中,过渡属性 transition 可以实现在一定的时间内将元素的状态过渡为最终状态,用于模拟一种过渡动画效果,但是功能有限,只能制作简单的动画效果;而动画属性 animation 可以制作类似 Flash 的动画,通过关键帧控制动画的每一步,控制更为精确,从而可以制作更为复杂的动画。

Vue 也实现了过渡与动画,Vue 的过渡系统可以在元素从 DOM 中插入或移除时自动应用过渡效果。Vue. js 会在适当的时候触发 CSS 过渡或动画,也可以提供相应的 JavaScript 钩子函数在过渡过程中执行自定义的 DOM 操作。过渡是指在切换展示的时候加入一些动画效果,如淡入淡出(透明度的渐隐)、飞入等。

CSS 过渡的基本语法格式如下:

```
< transition name =' nameoftransition ' >
< div > </div >
</transition >
```

过渡效果通过 < transition > </transition > 标签将要做动画的元素包裹起来,并根据 name 来进行展示。以一个 toggle 按钮控制 p 元素显示隐藏为例,如果不使用过渡效果,代码如下:

```
< div id =" app " >
        < button v-on:click =" show = ! show " > Toggle </button >
        < p v-if =' show ' > 奋斗新征程 </p >
    </div >
    < script >
       new Vue({
            el:' #app ',
```

```
        data：｛
            show：true
        ｝
    ｝)
</script >
```

代码运行后，单击按钮内容显示，再次单击按钮内容隐藏。如果要为此加入过渡效果，则需要使用过渡组件 transition。

当插入或删除包含在 transition 组件中的元素时，Vue 会自动探测出目标元素是否应用了 CSS 实现过渡或动画，如果是，则在恰当的时机添加/删除 CSS 类名。Vue 提供了 6 个 CSS 类名 v-enter、v-enter-active、v-enter-to、v-leave、v-leave-active、v-leave-to，在 enter/leave 的过渡中切换，如图 10-1 所示。

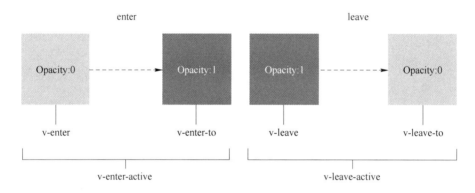

图 10-1　Vue 过渡

（1）v-enter：定义进入过渡的开始状态，在元素被插入之前生效，在元素被插入之后的下一帧被移除。

（2）v-enter-active：定义进入过渡生效时的状态，在整个进入过渡过程中应用，在元素被插入之前生效，在过渡动画完成之后被移除。这个类可以被用来定义进入过渡的过程时间，延迟和曲线函数。

（3）v-enter-to：2.1.8 及以上版本中定义进入过渡的结束状态，在元素被插入之后的下一帧生效（与此同时，v-enter 被移除），在过渡/动画完成之后被移除。

（4）v-leave：定义离开过渡的开始状态，在离开过渡被触发时立刻生效，下一帧被移除。

（5）v-leave-active：定义离开过渡生效时的状态，在整个离开过渡过程中应用，在离开过渡被触发时立刻生效，在过渡/动画完成之后被移除，这个类可以被用来定义离开过渡的过程时间、延迟和曲线函数。

（6）v-leave-to：2.1.8 及以上版本中定义离开过渡的结束状态，在离开过渡被触发之后的下一帧生效（与此同时，v-leave 被删除），在过渡/动画完成之后被移除。

还是上面的例子，下面通过一个切换按钮的操作来实现内容淡入淡出的切换效果，代码如下：

```html
<!DOCTYPE html>
<html lang="en">
<head>
    <meta charset="UTF-8">
    <meta http-equiv="X-UA-Compatible" content="IE=edge">
    <meta name="viewport" content="width=device-width, initial-scale=1.0">
    <script src="../js/vue.js"></script>
    <title>CSS 过渡效果</title>
    <style>
        .v-enter{
            opacity: 0;
        }
        .v-enter-active{
            transition: opacity .5s;
        }
        .v-leave-active{
            transition:transform .5s;
        }
        .v-leave-to{
            transform: translateX(10px);
        }
    </style>
</head>
<body>
    <div id="app">
        <button v-on:click="show = !show">Toggle</button>
        <transition>
            <p v-if='show'>奋斗新征程</p>
        </transition>
    </div>
    <script>
        new Vue({
            el:'#app',
            data:{
                show:true
            }
        })
    </script>
</body>
</html>
```

运行代码后实现了简单的过渡效果。对于在 enter/leave 过渡中切换的类名，如果使用一个没有名字的 < transition > ，则 v-是这些类名的默认前缀。但如果 transition 组件定义了 name，如 < transition name = ' fade ' > ，则这时所有 " v-" 开头的 class 类名更换为 " fade-" 开头。

10. 2　CSS 动画

常用的过渡都是 CSS 过渡。CSS 动画的用法与 CSS 过渡的用法相同，其区别是，在 CSS 动画中，v-enter 类名在节点插入 DOM 后不会立即删除，而是在 animationend 事件触发时删除。

可以通过以下实例来理解 Vue 的 CSS 动画的实现，代码如下：

```
< style >
    #app{
        width: 80% ;
        border: solid 1px gray;
        margin: 0 auto;
        padding: 20px;
    }
    @ keyframes bounce-in {
        0% {
            transform: sacle(0) ;
        }
        50% {
            transform: scale(1. 5) ;
        }
        100% {
            transform: scale(1) ;
        }
    }
    . fade-enter-active{
        transform-origin: left center;
        animation: bounce-in 1s;
    }
    . fade-leave-active{
        transform-origin: left center;
        animation: bounce-in 1s reverse;
    }
</style >
< div id = " app " >
    < button @ click = ' handleClick ' >切换 </button >
```

```
            < transition name = " fade " >
                < div v-show = ' show ' >奋斗新征程,广大青年不负韶华,不负期望 </div >
            </transition >
</div >
< script >
    var vm = new Vue( {
        el:' #app ',
        data: {
            show:true
        },
        methods: {
            handleClick:function( ) {
                this. show = ! this. show
            }
        }
    } )
</script >
```

代码运行后,单击"切换"按钮内容被隐藏,再次单击"切换"按钮内容被显示出来,其显示状态和隐藏状态如图 10-2 和图 10-3 所示。

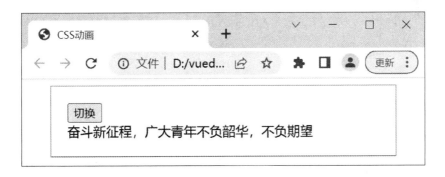

图 10-2　显示状态

图 10-3　隐藏状态

10.3　钩子函数实现动画

JavaScript 过渡是指使用 JavaScript 钩子函数实现的过渡效果，这些钩子函数既可以结合 CSS 的 transition/animations 使用，也可以单独使用。当只使用 JavaScript 过渡的时候，在 enter 和 leave 中，回调函数 done 是必须的；否则，它们会被同步调用，过渡会立即完成。钩子函数实现动画代码如下：

```
<style>
    p {
        width: 300px;
        height: 300px;
        background: orangered;
    }
    .fade-enter-active,
    .fade-leave-active {
        transition: 1s all ease;
    }
    .fade-enter-active {
        opacity: 1;
        width: 300px;
        height: 300px;
    }
    .fade-leave-active {
        opacity: 0;
        width: 100px;
        height: 100px;
    }
    .fade-enter,
    .fade-leave {
        opacity: 0;
        width: 100px;
        height: 100px;
    }
</style>
<div id="app">
    <input type="button" value="单击显示隐藏" @click='show=!show'>
    <transition name='fade' @before-enter='beforeEnter' @enter='enter' @after-enter='afterEnter'
'afterEnter'
        @before-leave='beforeLeave' @leave='leave' @after-leave='afterLeave'>
        <p v-show='show'></p>
    </transition>
</div>
```

```
< script >
    window. onload = function ( ) {
        new Vue( {
            el：'#app',
            data：{
                show：false
            },
            methods：{
                beforeEnter( el) {
                    console. log('动画 enter 之前 ')
                },
                enter( el) {
                    console. log('动画 enter 进入 ')
                },
                afterEnter( el) {
                    console. log('动画进入之后 ')
                },
                beforeLeave( el) {
                    console. log('动画 leave 之前 ')
                },
                leave( ) {
                    console. log('动画 leave ')
                },
                afterLeave( ) {
                    console. log('动画 leave 之后 ')
                }
            }
        })
    }
</ script >
```

10. 4   自定义过渡类名

以下特性可用来定义过渡类名：

（1）enter-class；

（2）enter-active-class；

（3）enter-to-class（2. 1. 8 + ）；

（4）leave-class；

（5）leave-active-class；

（6）leave-to-class（2. 1. 8 + ）。

它们的优先级高于普通的类名，这对于 Vue 的过渡系统和其他第三方 CSS 动画库的使用十分有用。下面的实例展示了如何使用 Animation. css 制作效果多样的动画。Animation. css 可以提前下载或在线使用 CDN 引用 Animation. css。代码如下：

```html
<! DOCTYPE html >
< html lang = " en " >
< head >
    < meta charset = " UTF-8 " >
    < meta http-equiv = " X-UA-Compatible " content = " IE = edge " >
    < meta name = " viewport " content = " width = device-width, initial-scale = 1. 0 " >
    < title > 自定义过渡类名 </ title >
    < link rel = " stylesheet " href = " .. /css/animate. css-3. 5. 0/animate. min. css " >
    < script src = " .. /js/vue. js " > </ script >
    < style >
        #app{
            width: 400px;
            margin: 0 auto;
        }
        #div1{
            width: 100px;
            height: 100px;
            background: orangered;
        }
    </ style >
</ head >
< body >
    < div id = " app " >
        < input type = " button " value = " 按钮 " @ click = ' toggle ' >
        < transition name = ' fade ' enter-active-class = ' animated rubberBand ' leave-active-class =
' animated hinge ' >
            < div id = " div1 " class = ' animated ' v-show = ' bSign ' enter-active-class = ' ZoomInLeft '
leave-active-class = ' animated hinge ' >
            </ div >
        </ transition >
    </ div >
    < script >
        var vm = new Vue({
            el:' #app ',
            data:{
                bSign:true
            },
            methods:{
                toggle( ){
                    this. bSign = ! this. bSign
                }
```

```
            }
        } )
    </script>
</body>
</html>
```

动画初始状态如图 10-4 所示，动画运动到某帧的效果如图 10-5 所示。

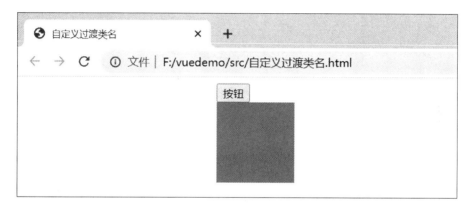

图 10-4　动画初始状态效果

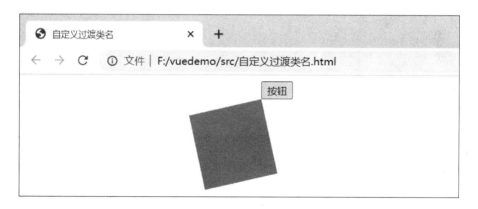

图 10-5　某帧的动画效果

由实例可见，通过添加不同的类，可以实现不同的动画效果，主要的动画类有 Animation（晃动效果）、bounce（弹性缓冲效果）、fade（透明度变化效果）、flip（翻转效果）、rotate（旋转效果）、slide（滑动效果）、zoom（变焦效果）、special（特殊效果）。

10.5　实训任务：新增列表项的动画效果

10.5.1　实训任务描述

当用户添加产品信息时，新增加的列表项会从底部进入当前列表并成为其最后一个项目；当用户选择任意一个列表项时，会删除一条数据，其动画效果为自上而下淡出。

10.5.2　实训任务设计

（1）自定义 CSS 样式和 CSS 过渡。

（2）使用 v-for 指令遍历数据。

（3）使用 push 方法添加数据，使用 splice 方法删除数据。

10.5.3　实训任务参考代码

代码如下：

```
< style >
    li {
        border: 1px dashed #999;
        margin: 5px;
        line-height: 35px;
        padding-left: 5px;
        font-size: 12px;
        width: 100%;
        list-style: none;
    }
    li:hover {
        background-color: cornflowerblue;
        transition: all 1s ease;
    }
    .v-enter,
    .v-leave-to {
        opacity: 0;
        transform: translateY(80px);
    }
    .v-enter-active,
    .v-leave-active {
        transition: all 0.5s ease;
    }
    /* 下面的 .v-move 和 .v-leave-active 配合使用,能够实现列表后续的元素,渐渐地飘上来的结果 */
    .v-move {
        transition: all 0.5s ease;
    }
    .v-leave-active {
        position: absolute;
    }
</style>
< div id = " app " >
        < div >
```

```
            <label>
                产品编号:
                <input type="text" v-model="id">
            </label>
            <label>
                产品名称:
                <input type="text" v-model="name">
            </label>
            <input type="button" value="添加" @click="add">
        </div>
        <ul>
            <!-- 在实现列表过渡的时候,如果需要过渡的元素,是通过 v-for 循环渲染出来的,
不能使用 transition 包裹,需要使用 transitionGroup -->
            <!-- 如果要为 v-for 循环创建的元素设置动画,必须为每一个元素设置:key 属性 -->
            <transition-group appear>
                <!-- 删除需要传入 i -->
                <li v-for="(item, i) in list" :key="item.id" @click="del(i)">
                    {{ item.id }} --- {{ item.name }}
                </li>
            </transition-group>
        </ul>
    </div>
</body>
<script src="../js/vue.js" type="text/javascript" charset="utf-8"></script>
<script>
    var vm = new Vue({
        el: '#app',
        data: {
            id: '',
            name: '',
            list: [{
                    id: 1,
                    name: '脚手架'
                },
                {
                    id: 2,
                    name: '扳手组合'
                },
                {
                    id: 3,
                    name: '紧固类工具'
                },
                {
```

```
                        id: 4,
                        name: '测量类工具'
                    }
                ]
        },
        methods: {
            add( ) {
                this.list.push( {
                    id: this.id,
                    name: this.name
                })
                this.id = this.name = " "
            },
            del( i ) {
                // 从 i 的地方删,删除一个
                this.list.splice( i, 1 )
            }
        }
    })
</script>
```

10.5.4　实训任务解析

在上述代码中,实现产品列表过渡的时候,需要过渡的元素是通过 v-for 循环渲染出来的,不能使用 transition 进行包裹,而是需要使用 transitionGroup。如果要为 v-for 循环创建的元素设置动画,则必须为每一个元素设置 key 属性。样式中的 v-move 和 v-leave-active 配合使用,能够实现列表后续的元素渐渐地飘上来的动画效果。

程序运行效果如图 10-6 所示。

图 10-6　新增产品列表效果

本 章 小 结

本章主要介绍了 Vue. js 中 CSS 过渡、CSS 动画、JavaScript 过渡的使用，并讲解了过渡类名的定义，最后以实例介绍了新增产品列表项动画效果的实现。

思 考 题

实现电子商城中广告图片的轮播效果。要求运行程序时，页面中显示的广告图片会进行轮播，当鼠标指向图片下方的某个数字按钮时会过渡显示对应的图片。页面效果如图 10-7 所示。

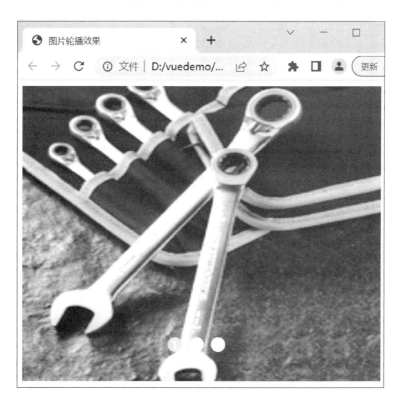

图 10-7　广告图片轮播运行效果

下 篇

工程化项目开发

11 Vue 单页 Web 应用

❖ **本章重点：**

(1) 熟悉项目目录结构；

(2) 掌握快速构建项目的方法；

(3) 熟悉单文件组件的创建；

(4) 掌握 Webpack 基本用法；

(5) 理解 loader 实现原理。

将多个组件写在同一个文件的方式适用于一些中小规模的项目。如果在更复杂的项目中，这种方式就会出现弊端。为此，Vue. js 提供了文件扩展名为 .vue 的单文件组件。单文件组件是 Vue. js 自定义的一种文件格式，一个 .vue 文件就是一个单独的组件，而多个单文件组件合在一起就可以实现单页 Web 应用。本章主要介绍如何使用 Vue. js 实现实际 SPA（单页 Web 应用）。

11.1 项目目录结构

使用 Vue. js 开发较大的应用时，需要考虑项目的目录结构、配置文件和项目所需的各种依赖等方面。如果手动完成这些配置工作，工作效率会非常低。为此，官方提供了一款脚手架生成工具@vue/cli，通过该工具可以快速构建项目。本节讲述如何使用 Vue-CLI 快速搭建项目，并介绍如何利用脚手架生成的初始化项目开发 Vue 程序。

11.1.1 @vue/cli 的安装

安装 Vue-CLI 的前提是已经安装了 NPM。安装 NPM 时，用户可以直接到其官网下载安装包。node 安装包下载界面如图 11-1 所示。

根据操作系统选中需要的安装包进行下载即可。

下载成功后，双击安装文件即可进行安装。安装完成后，可在 DOS 环境中输入 "node -v" "npm -v"，如果显示出版本号，如图 11-2 所示，则说明 Node 安装包安装成功。因为最新的 Vue 项目模板中都带有 Webpack 插件，所以这里可以不安装 Webpack。

微课：
@ vue/cli
工具快速
构建项目

@vue/cli 是应用 node 编写的命令行工具，可实现交互式的项目脚手架，安装好 node 后，可以直接全局安装 Vue-CLI，输入指令如下：

```
npm install -g @ vue/cli
```

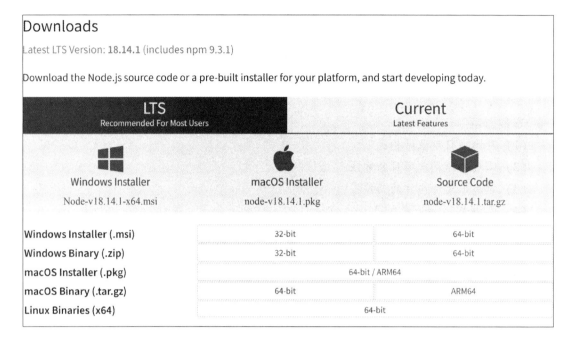

图 11-1　node 安装包下载界面

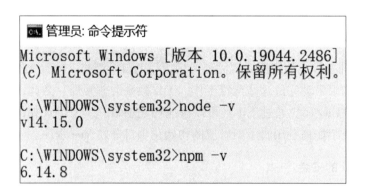

图 11-2　node 安装包安装成功

　　安装完成之后，可以在命令行中执行 vue --version 或者 vue -V 命令，若出现版本号，则说明安装成功，如图 11-3 所示。

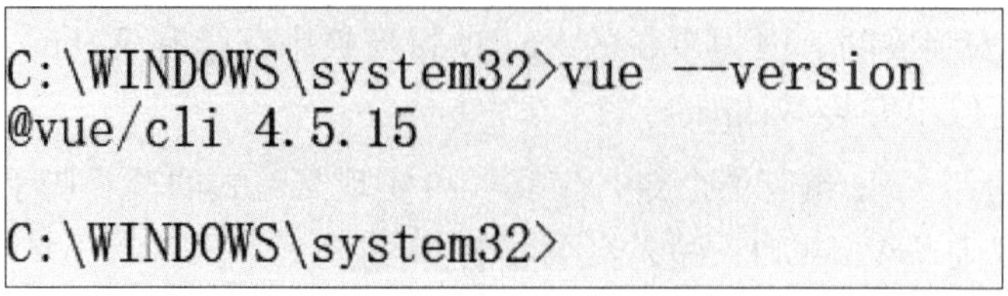

```
C:\WINDOWS\system32>vue --version
@vue/cli 4.5.15

C:\WINDOWS\system32>
```

图 11-3　显示@ vue/cli 的版本号

11.1.2　创建项目

使用@ vue/cli 可以快速生成一个基于 webpack 构建的项目。

（1）在合适的位置上，通过命令提示符窗口，输入"vue create myproject"其中 myproject 为项目名称。

（2）输入指令后，按 < Enter > 键，系统会提示选取一个 preset，选中项目的创建方式。Default 为默认模式，包含了基本的 Babel + ESLint 设置的 preset，也可以选择"Manually select features"（手动选择特性），这里选择"Manually select features"选项。手动模式可以根据用户项目的需求添加相应模块，建议选择手动模式（上下键可移动光标位置，空格键表示选择，Enter 键表示确认）。

（3）选择安装特性，这里可以根据用户项目的需求进行选择：

1）Babel：支持 ES6 语法；

2）TypeScript：支持使用 TypeScript 书写源码；

3）Progressive Web App（PWA）Support：PWA 支持；

4）Router：支持 Vue-router 路由；

5）Vuex：支持 Vuex 状态管理；

6）CSS Pre-processors：支持 CSS 预处理器；

7）Linter/Formatter：支持代码风格检查和格式化；

8）Unit Testing：支持单元测试；

9）E2E：支持 End to End 测试。

（4）Use class-style component syntax：是否使用 css 风格的组件语法，选择 y。

（5）Use Babel alongside Typescript：是否使用 babel 做转义，选择 y。

（6）Use history mode for router：路由是否使用 history 模式，可根据实际需求选择，这里选择 y。

（7）Pick a CSS pre-processor：选择预处理模式。

（8）ESLint with error prevention only：选择语法检测规范。

（9）Pick additional lint feature：选择保存时检测还是提交时检测。

（10）Pick a unit testing solution：测试方式。

（11）Pick an E2E testing solution：E2E 测试方式。

（12）Where do you prefer placing config for Babel，ESLint，etc：选择配置文件位置。In dedicated config flies 表示独立文件，In package.json 表示写入 package.json，这里选择写入 package.json。

（13）Save this as a preset for future projects：是否保存当前配置，以方便下次创建项目。因为每次项目需求不同，配置也不一样，所以这里可以选择 n，配置过程如图 11-4 所示。

（14）全部配置完成，单击"Enter"等待项目创建完成。创建完成后的效果如图 11-5 所示。项目创建完成后，会在当前目录下生成项目文件夹 myproject，项目目录结构如图 11-6 所示。

```
管理员: C:\WINDOWS\system32\cmd.exe
Vue CLI v5.0.8
? Please pick a preset: Manually select features
? Check the features needed for your project: Babel, Linter
? Choose a version of Vue.js that you want to start the project with 2.x
? Pick a linter / formatter config: Basic
? Pick additional lint features: Lint on save
? Where do you prefer placing config for Babel, ESLint, etc.? In package.json
? Save this as a preset for future projects? No
```

图 11-4　配置过程

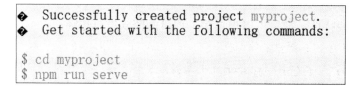

```
❖  Successfully created project myproject.
❖  Get started with the following commands:

$ cd myproject
$ npm run serve
```

图 11-5　创建完成

本地磁盘 (D:) > myproject			
名称 ︿	修改日期	类型	大小
node_modules	2023/2/19 22:33	文件夹	
public	2023/2/19 22:33	文件夹	
src	2023/2/19 22:33	文件夹	
.gitignore	2023/2/19 22:33	文本文档	1 KB
babel.config.js	2023/2/19 22:33	JavaScript 文件	1 KB
package.json	2023/2/19 22:33	JSON 文件	1 KB
package-lock.json	2023/2/19 22:33	JSON 文件	510 KB
README.md	2023/2/19 22:33	MD 文件	1 KB

图 11-6　项目目录结构

（15）按照给定的提示输入命令 cd myproject（切换到项目目录），然后输入命令 npm run serve（在开发模式下运行），运行成功后，会提示程序运行的位置，如图 11-7 所示。

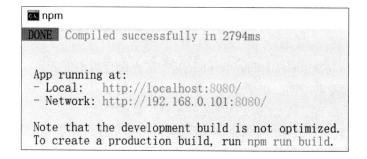

```
npm
DONE  Compiled successfully in 2794ms

App running at:
- Local:   http://localhost:8080/
- Network: http://192.168.0.101:8080/

Note that the development build is not optimized.
To create a production build, run npm run build.
```

图 11-7　程序的运行位置

　　（16）项目启动完成后，在浏览器中访问 http://localhost:8080，预览项目运行的效果如图 11-8 所示。

图 11-8　项目运行的初始页面

　　系统自动构建了开发用的服务器环境，但由于版本实时更新和选择安装配置的不同，因此用户看到的可能和图 11-6 所示的初始化项目目录有所不同。接下来做一个简单的修改，打开 src/App. vue 文件，将传递给组件的 msg 属性的值修改为 "Let's learn @ vue/cli"，代码如下：

```
< template >
  < div id = " app " >
    < img alt = " Vue logo " src = " . /assets/logo. png " >
    < HelloWorld msg = " Let's learn @ vue/cli "/ >
  < /div >
< /template >
< script >
```

保存文件后，浏览器会自动刷新页面，效果如图 11-9 所示。

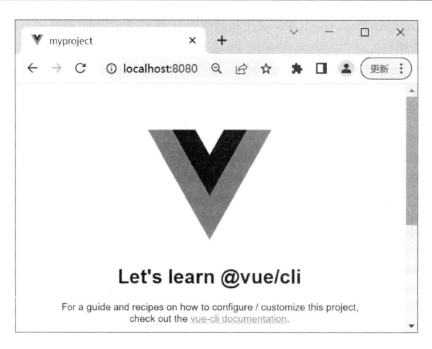

图 11-9　修改后的页面

表 11-1 列出了脚手架构建项目的初始文件。

表 11-1　脚手架构建项目的初始文件

文件名	文 件 说 明
node_modules	项目依赖的模块
public	本地文件存放的位置
images	图片
index. html	项目入口文件
favicon. ico	图标
src	放置组件和入口文件
assets	主要存放一些静态图片管理的目录（CSS 等也可放于此）
views	放置公共组件（如各个主题页面）
components	（自定义功能组件）存放开发需要的各种组件， 各个组件联系在一起组成一个完整的项目
router	存放项目路由文件
App. vue	项目的根组件
store	存放 Vuex 的文件
tests	初始测试目录
unit	单元测试
E2E	End to End 测试

11.2　单文件组件

在早期编写一个组件时，一般会将一个组件的 HTML、CSS 和 JavaScript 放在 3 个不同的文件中，然后再通过编译工具集成起来，这样非常不利于后期的维护。为了更好地适应复杂项目的开发，Vue.js 提供了以 .vue 为扩展名的文件来定义一个完整组件。这个组件称为单文件组件，是 Vue.js 自定义的一种文件格式。一个扩展名为 .vue 的文件就是一个单独的组件，文件中封装了组件相关的代码。如 HTML、CSS 和 JavaScript 可以通过 Webpack 编译成 JS 文件，并在浏览器中运行。不难发现，扩展名为 .vue 的文件由 < template >、< script > 和 < style > 三部分组成。在一个组件里，其模板、逻辑和样式是内部耦合的，并且把它们搭配在一起实际上使得组件更加内聚且更易维护。在应用@ vue/cli 脚手架创建项目之后，可以根据实际需求对项目中的文件进行任意修改，从而构建出比较复杂的应用。

在 src 目录下创建 hello.vue 文件，代码如下：

```
< template >
    < h2 > | | msg | | </h2 >
</template >
< script >
export default ( |
    data( ) |
        return |
            msg:' Hello,vue.js 单文件组件'
        |
    |,
| )
</script >
< style scoped >
    h2 |
        color: green;
    |
</style >
```

要想使用以上文件，需要在 main.js 文件中使用 ES6 引入模块语法，代码如下：

```
import Vue from ' vue '
// import App from './App.vue '
import hello from './hello.vue '
Vue.config.productionTip = false
new Vue( |
    render: h => h(hello),
```

```
        template:'<hello/>',
        components:{
          hello
        }
}).$mount('#app')
```

脚手架项目创建后，index. html 是入口地址，可调用 App. vue。在 App. vue 文件中可以调用其他组件，所以 App. vue 被称为根组件。App 根组件的一个常用功能是引入其他组件，换言之，其他页面或功能组件可以嵌套在 App 根组件中。例 11-1 以生成的 myproject 项目为基础，介绍单文件组件嵌套，要求能对项目中的文件进行修改，实现五金电子商城网站中的购物车模块。

【例 11-1】　实现五金电子商城网站中的购物车功能。

关键步骤如下：

（1）整理目录，删除无用的文件，然后在 assets 目录中创建 css 文件夹和 images 文件夹，在 css 文件夹中创建 style. css 文件作为模块的公共样式文件，在 images 文件夹中存储 3 张图片。

（2）在 components 文件夹中创建 Cart. vue 文件，代码如下：

```
<template>
    <div>
        <div class="main" v-if="list. length>0">
            <div class="goods" v-for="(item,index) in list" :key="index">
                <span class="check"><input type="checkbox" @ click="selectGoods(index)":
checked="item. isSelect"></span>
                <span class="name">
                    <img :src="item. img">
                    {{item. name}}
                </span>
                <span class="price">{{item. price}}元</span>
                <span class="num">
                    <span @ click="reduce(index)" :class="{off:item. num==1}">-</span>
                    {{item. num}}
                    <span @ click="add(index)">+</span>
                </span>
                <span class="totalPrice">{{item. price * item. num}}元</span>
                <span class="operation">
                    <a @ click="remove(index)">删除</a>
                </span>
            </div>
        </div>
        <div v-else>购物车为空</div>
        <div class="info">
```

```
            <span> <input type = "checkbox" @ click = "selectAll" :checked = "isSelectAll"> 全选
</span>
            <span> 已选商品 <span class = "totalNum"> {{totalNum}} </span> 件 </span>
            <span> 合计: <span class = "totalPrice"> ¥ {{totalPrice}} </span> </span> 元
            <span> 去结算 </span>
        </div>
      </div>
  </template>
  <script>
export default {
    data: function () {
        return {
            isSelectAll: false, //默认未全选
            list: [{
                img: require("@/assets/images/ftbs.jpg"),
                name: "方头扳手组件",
                num: 1,
                price: 199,
                isSelect: false
            }, {
                img: require("@/assets/images/gsq.jpg"),
                name: "不锈钢材质 钢丝钳",
                num: 2,
                price: 84,
                isSelect: false
            }, {
                img: require("@/assets/images/ljtt.jpg"),
                name: "铝金套筒",
                num: 1,
                price: 89,
                isSelect: false
            }]
        }
    },
    computed: {
        totalNum: function() { //计算产品件数
            var totalNum = 0;
            this.list.forEach(function(item) {
                if(item.isSelect) {
                    totalNum + = 1;
                }
            });
```

```
            return totalNum;
        },
        totalPrice : function() { //计算产品总价
            var totalPrice = 0;
            this.list.forEach(function(item){
                if(item.isSelect){
                    totalPrice += item.num * item.price;
                }
            });
            return totalPrice;
        }
    },
    methods : {
        reduce : function(index){ //减少商品个数
            var goods = this.list[index];
            if(goods.num >= 2){
                goods.num--;
            }
        },
        add : function(index){ //增加商品个数
            var goods = this.list[index];
            goods.num++;
        },
        remove : function(index){ //移除商品
            this.list.splice(index,1);
        },
        selectGoods : function(index){ //选择商品
            var goods = this.list[index];
            goods.isSelect = !goods.isSelect;
            this.isSelectAll = true;
            for(var i = 0;i < this.list.length; i++){
                if(this.list[i].isSelect == false){
                    this.isSelectAll = false;
                }
            }
        },
        selectAll : function() { //全选或全不选
            this.isSelectAll = !this.isSelectAll;
            for(var i = 0;i < this.list.length; i++){
                this.list[i].isSelect = this.isSelectAll;
            }
        }
```

```
      }
    }
  }
</script>
```

（3）修改 App. vue 文件，在 script 标签中引入 Cart 组件，代码如下：

```
<template>
  <div class="cartBox">
    <div class="title">
      <span class="check">选择</span>
      <span class="name">产品信息</span>
      <span class="price">单价</span>
      <span class="num">数量</span>
      <span class="totalPrice">金额</span>
      <span class="operation">操作</span>
    </div>
    <Cart />
  </div>
</template>
<script>
import Cart from "./components/Cart.vue";
export default {
  name: "App",
  components: {
    Cart
  },
};
</script>
<style>
@import "./assets/css/style.css"; /* 引入公共 css 文件 */
</style>
```

（4）修改 main. js 文件，在文件中引入 Vue. js 和根组件，然后在创建的实例中渲染视图，代码如下：

```
import Vue from 'vue'
import App from './App.vue'
Vue.config.productionTip = false
new Vue({
  render: h => h(App),
}).$mount('#app')
```

运行项目，效果如图 11-10 所示。

图 11-10　购物车功能页面

11.3　Webpack 基础用法

Webpack 是一个现代 JavaScript 应用程序的静态模块打包器。当 Webpack 处理应用程序时，它会递归地构建一个依赖关系图，其中包含应用程序需要的每个模块，并将所有模块打包成一个或多个 bundle 文件。

11.3.1　Webpack 的含义

Webpack 是一个模块打包工具，随着 JavaScript 应用程序复杂性的不断提升，构建工具已成为 Web 开发中不可或缺的一部分。用户可以将 Webpack 理解为模块打包器，它帮助开发者打包、编译和管理项目需要的众多资源文件和依赖库，包括分析项目结构、找到 JavaScript 模块以及其他浏览器不能运行的拓展语言，如 Vue、TypeScript 等，并将其转换和打包为符合生产环境部署的前端资源，最终以合适的格式供浏览器使用。Webpack 支持 CommonJS、AMD 和 ES6 模块系统，并且兼容多种 JS 书写规范，可以处理模块间的依赖关系，既能压缩图片，又能对 CSS、JS 文件进行语法检查、压缩和编译打包。

所谓前端资源，是指在创建 HTML 时，引入的 Script、Link、img、JSON 等文件。Webpack 可以只在 HTML 文件中引入一个 JS 文件，然后再定义一个入口文件 JS，用于存放依赖的模块，即可将其他前端资源按照依赖关系和规则打包使用。

进行前端模块化开发时，使用第三方的文件后往往需要进行额外的处理才能使浏览器识别，所以需要前端打包工具。

11.3.2　Webpack 的工作原理和优缺点

Webpack 把项目当作一个整体，通过一个给定的主文件（如 index. js）开始找到项目的所有依赖文件，使用 Loaders 处理它们，并将其打包一个（或多个）浏览器可执行的文件。Webpack 比其他打包工具的处理速度更快，能打包更多不同类型的文件，Webpack 的工作原理如图 11-11 所示。

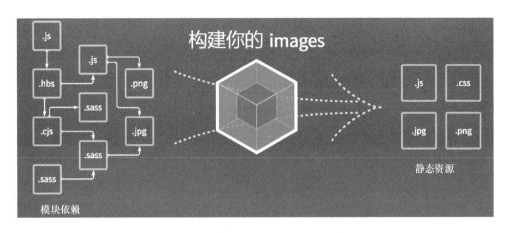

图 11-11　Webpack 的工作原理

Webpack 的优点如下：

（1）能很好地用于单页面应用；

（2）能打包各种文件，同时支持 require( ) 和 import 模块语法；

（3）使用了模块化开发，结构层次清晰；

（4）能支持多种插件和多样化的 Loader；

（5）热加载可以使 Vue. js 和 React 等前端框架本地开发速度更快。

Webpack 的缺点如下：

（1）不适合 Web 开发初学者使用；

（2）对于 CSS、图片和其他 JS 资源文件，需要先进行混淆处理；

（3）文档不够完善；

（4）不同版本的使用方法存在较大差异。

11.3.3　Webpack 的安装

在安装 Webpack 之前，首先需要在计算机中安装 node. js 的最新版本。node. js 可在它的官方网站中下载。关于 node. js 的下载与安装这里不做描述。在安装 node. js 之后，开始安装 Webpack。具体安装步骤如下。

（1）快捷键 win + r 输入 cmd 打开命令行窗口，对 webpack 和 webpack-cli 进行全局安装，输入命令如下：

```
npm install webpack webpack-cli -g
```

说明：webpack-cli 工具用于在命令行中运行 webpack。

（2）在指定的盘符中创建项目文件夹 webpackdemo，然后在命令提示符窗口将当前路径切换到 d:\webpackdemo，接下来使用 npm 命令初始化项目，输入命令如下：

```
npm init
```

（3）对 webpack 进行本地安装，输入命令如下：

```
npm install webpack --save-dev
```

11.3.4　Webpack 的基本使用

下面通过一个简单的应用介绍通过 webpack 命令实现打包的过程。在 webpackdemo 文件夹下创建 index. js 文件夹和 index. html 文件。index. js 文件为项目的入口文件，代码如下：

```
document. write("欢迎使用 Webpack");
```

index. html 文件的代码如下：

```
<! DOCTYPE html >
< html lang = " en " >
< head >
    < meta charset = " UTF-8 " >
    < meta http-equiv = " X-UA-Compatible " content = " IE = edge " >
    < meta name = " viewport " content = " width = device-width, initial-scale = 1. 0 " >
    < title > webpack 打包案例 </ title >
    < script src = " . . / dist/bundle. js " > </ script >
</ head >
< body >
</ body >
</ html >
```

接下来使用 webpack 命令进行打包处理，在命令行窗口输入命令如下：

```
npx webpack index. js
```

输入命令后，按 < Enter > 键，这时系统会编译 index. js 文件并在 dist 文件夹中生成 bundle. js 文件。在浏览器中打开 index. html 文件，输出的结果如图 11-12 所示。

图 11-12　Webpack 输出结果

下面在 webpackdemo 文件夹下创建另一个 JavaScript 文件 module. js，代码如下：

```
module. exports = "奋斗新征程". //指定对外接口
```

对 entry. js 文件进行修改，基于 CommonJS 规范引用 module. js 文件，代码如下：

```
var str = require('. /module. js')
document. write( str)
```

这时，再次使用 webpack 命令进行打包处理，在浏览器中重新访问 index. html 文件，输出结果如图 11-13 所示。

图 11-13　webpack 输出结果

通过上述应用可以看出，webpack 从入口文件开始依赖文件（通过 import 或 require 引入的其他文件）进行打包，webpack 会解析依赖的文件，然后将内容输出到 bundle. js 文件中。

11.3.5　Webpack 的配置文件

在应用 webpack 进行打包操作时，除了在命令行输入参数之外，还可以通过指定的配置文件进行打包，将一些编译选项放在一个配置文件中，以便于集中管理，在项目根目录下不传入参数，直接调用 webpack 命令，webpack 会默认调用项目根目录下的配置文件 webpack. config. js，该文件中的配置选项需要通过 module. export 导出，格式如下：

```
module. exports = {
//配置选项
}
```

下面介绍几个常用配置选项含义及使用方法。

（1）mode。Webpack4 以上版本提供了 mode 配置选项。该选项用于配置开发项目使用的模式，根据指定的模式选择使用相应的内置优化，包括 production（默认）、development 和 none。

（2）entry。该选项用于配置要打包的入口文件，该选项指定的路径为相对于配置文件所在文件夹的路径，示例代码如下：

```
entry:'. / entry. js'
```

（3）output。该选项用于配置输出信息，通过 output. path 指定打包后的文件路径，通过 output. filename 指定打包后的文件名，代码如下：

```
const path = require(' path ')
module. exports = {
    output: {
        path:path. resolve('__dirname',' dist ')
    }
}
```

本 章 小 结

本章主要介绍了通过@ vue/cli 工具快速构建一个项目的目录结构，在生成的页面中，对原始文件进行修改，并实现电子商务网站中的购物车功能。

思 考 题

实现一个通过选项卡浏览新闻标题的模块。运行程序，页面中有"行业最新""热门"和"行业推荐"三个新闻分类选项卡，当鼠标单击不同的选项卡时，页面下方会显示对应的新闻内容，如图 11-14 所示。

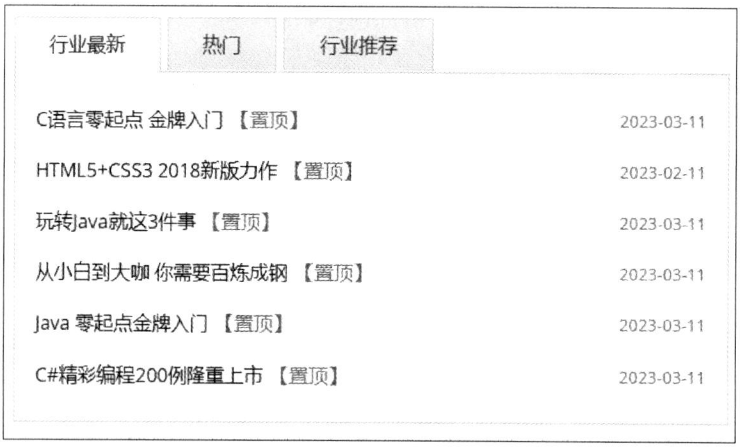

行业最新	热门	行业推荐
C语言零起点 金牌入门 【置顶】		2023-03-11
HTML5+CSS3 2018新版力作 【置顶】		2023-02-11
玩转Java就这3件事 【置顶】		2023-03-11
从小白到大咖 你需要百炼成钢 【置顶】		2023-03-11
Java 零起点金牌入门 【置顶】		2023-03-11
C#精彩编程200例隆重上市 【置顶】		2023-03-11

图 11-14　页面初始效果

12   Vue 路由的应用

❖ **本章重点：**
（1）理解路由的核心概述；
（2）掌握静态路由的配置规则及使用；
（3）掌握动态路由的使用；
（4）理解命名视图和导航结构的应用。

在 HTML 中，实现跳转时，都使用了 < a > 标签。< a > 标签中有一个属性 href，为其赋一个网络地址或者一个路径后，它就会跳转对应的页面。Vue. js 的路由和 < a > 标签实现的功能是一样的，都是实现一个对应的功能，只不过路由的性能更佳。< a > 标签不管单击多少次，都会发生对应的网络请求，页面会不断地进行刷新；但是使用路由机制，单击之后，不会出现网络请求页面刷新，而会直接跳转到要链接的地址，这是使用路由的好处。

随着前后端分离开发模式的兴起，前端路由的概念出现：前端通过 ajax 获取数据后，通过一定的方式渲染到页面中，改变 URL 不会向服务器发送请求，同时，前端可以监听 URL 变化，可以解析 URL 并执行相应的操作，而后端只负责提供 API 来返回数据，在 Vue 中，通过路由跳转到不同的页面，实际上就是加载不同的组件。

12.1   路由的安装和使用

前端路由可以通过直接引入 CDN、下载 Vue-router. js、本地引用或使用 NPM 安装 Vue-router 插件的方式来使用。

12.1.1   直接引入 CDN

可以在联网的状态下直接引用网络中的相关 JS 文件，代码如下：

```
< script src = " https://unpkg. com/vue/dist/vue, min. js " > </script >
< script src = " https://unpkg. com/vue-router/dist/vue-router. js " > </script >
```

12.1.2   下载 JS 文件

可以将相关 JS 文件下载到本地，这样在没有网络的情况下也可以使用 Vue. js 和 Vue-router. js，代码如下：

```
< script src = ' js/Vue. js ' > </script >
< script src = ' js/Vue-router. js ' > </script >
```

下面通过一个实例展示 Vue-router 的使用，代码如下：

```html
<template>
<div id="app">
    <div>
        <router-link to="/">JavaScript 课程</router-link>  
        <router-link to="/Vue">Vue 课程</router-link>
    </div>
    <div>
        <router-view></router-view>
    </div>
<footer>
    <div class="container">
        <hr/>
        <p class="text-muted small">版权所有@浙江.衢州.2021</p>
    </div>
    </footer>
<div>
</template>
<script src='js/Vue.js'></script>
<script src='js/Vue-router.js'></script>
<script>
var routers = [
        {
            path:'/',
            component:{
                template:'<div><h1>JavaScript 课程</h1></div>'
            }
        },
        {
            path:'/Vue',
            component:{
                template:'<div><h1>Vue 课程</h1></div>'
            }
        },
]
var router = new Router({
    routes:routes
})
new Vue({
    el:'#app',
    router:router
})
</script>
```

在上述实例中，单击不同的课程超链接，会跳转到不同的页面，如图 12-1 和图 12-2 所示。

图 12-1　单击"JavaScript 课程"超链接

图 12-2　单击"Vue 课程"超链接

12.1.3　使用 NPM

NPM 的全称是 Node Package Manager，是 node.js 官方提供的包管理工具，已成为 node.js 包的标准发布平台，用于 node.js 包的发布、传播、依赖控制。NPM 还提供了命令行工具，可以方便地下载、安装、升级、删除包，也可以发布及维护包。由于 NPM 是随 node.js 一起安装的，因此 node.js 安装成功后，NPM 也会被安装完成。在命令行输入 "node -v"，如果出现版本号，则说明 NPM 安装成功；或在命令行使用 path 命令，查找环境变量中是否有 node 的安装路径，如果有，也说明 NPM 安装成功。

使用 NPM 安装路由时，需要使用命令行工具输入"npm install Vue-router --save"指令，安装路由模块后即可在项目中使用 router。路由使用前要在 main.js 中进行配置，通过 "import VueRouter from'Vue-router'"命令引入路由模块，再通过"Vue.use（VueRouter）"

使用命令引入的模块。

可以使用路由之后，需要进行路由配置。

在命令行中使用 "npm install Vue-router --save" 命令安装 Vue-router，如图 12-3 所示。

图 12-3　安装 "Vue-router"

安装成功后，使用前端路由时需要经过以下几个步骤：

（1）安装 Vue-router 插件。在 main. js 文件中使用 "import VueRouter from ' Vue-router ' " 命令导入需要使用的 Vue-router，导入后使用 "Vue. use（VueRouter）" 命令加载 Vue-router 插件用于安装插件挂载属性，注意 from 后模块的字母都是小写的，代码如下：

```
import App from '@／App '
import VueRouter from ' vue-router '
//安装插件,挂载属性
Vue. use( VueRouter)
```

（2）在 index. js 文件中创建路由对象并配置路由规则，代码如下：

```
let router = new VueRouter( {
    routers:[
  //一个个对象
  {
      path:'/course ',component:Course
  }
]
})
```

（3）在 Vue 实例中使用路由，相关操作在 main. js 文件中进行。在 Vue 实例中设置路由规则，代码如下：

```
new Vue( {
  el:' #app ',
  router,
  render:h = > h( App),//ES6 写法
```

```
    components: {
        course
    }
})
```

（4）在 App 组件的 template 中使用路由挂载其他组件，代码如下：

```
< template >
< div >
        < router-view > </router-view >
    </div >
</template >
```

12.2　跳　转　方　式

在实际开发项目中，不能只通过地址栏进行跳转，还需要通过开发单页面，单击页面元素进行跳转。Vue-CLI 常用的跳转方式有以下几种。

12.2.1　使用 < router-link > </router-link >

在前面的实例中，如果用户需要跳转到不同的页面，则需要修改浏览器地址栏中的地址实现。而在网站中，用户通常需要通过超链接的文本或按钮进行跳转。在 Vue 中，用户通常是使用 < router-link > </router-link > 渲染一个 < a > 标签来实现跳转的，例如，使用 < router-link to ='/about' > </router-link > 跳转到 about </router-link >，其中，to 是一个属性，指向目标页面，可以使用 v-bind 进行动态设置。

可以使用 '< router-link >' 标签将上述实例更改为通过单击课程图片来进行跳转，即当单击课程图片时，可以跳转到课程详情页面，代码如下：

```
< router-link to ='/detail' >
< h4 class =' list-group-item-heading ' > < img :src =' course. src ' > </h4 >
    </router-link >
```

12.2.2　通过事件调用函数

通过事件调用函数进行跳转时需要使用 v-on 指令和编程式导航，编程式导航将在12.3 节中详细介绍。下面的实例是通过@ click 和 this. $router. push('/user/123') 进行页面跳转的，代码如下：

```
    < template >
    < div >
        < h1 > 介绍页 </h1 >
        < button @ click ="handleRouter" > 跳转到 user </button >
    </div >
```

```
    </template >
    < script >
        export default {
            methods: {
        handleRouter( ) {
            //实现跳转方式 2
            this. $router. push('/user/123 ')
        }
            }
    }
    </script >
```

12.2.3　命名视图

命名视图即为路由定义不同的名称，以便通过名称进行匹配。命名路由给不同的 router-view 定义了不同的名称，router-link 通过名称进行对应组件的调用和渲染。使用 components 可对应多个组件的名称。下面通过一个实例来学习命名视图的用法，index. js 的参考代码如下：

```
import VueRouter from ' vue-router '
import header from '.. /components/header '
import header2 from '.. /components/header2 '
import main from '.. /components/main '
import Course from '.. /components/course '
import Js from '.. /components/js '
import Vuejs from '.. /components/Vuejs '
import footer from '.. /components/footer '
export default new VueRouter ( {
    mode:' history ',
    routes: [
        {
            path:'/page1 ',
            components: {
                header:header,
                default:main,
                footer:footer
            }
        },
        {
            path:'/page2 ',
            components: {
```

```
                header：header2，
                default：main，
                footer：footer
            }
        }，
        {
            name：' course '，
            path：'/course '，
            component：Course，
            children：[ {
                name：' course_js '，
                path：' js '，
                component：Js
            }，{
                name：' course_Vue '，
                path：' Vue '，
                component：Vuejs
            }]
        }
    ]
});
```

App. vue 的参考代码如下：

```
< template >
< div >
    < div >
        < div >这是公用头部 </div >
        < hr/ >
            < router-view class = " bg " name = " header " > </router-view >
            < router-view class = " bg " > </router-view >
            < router-view class = " bg " name = " footer " > </router-view >
        < hr/ >
    </div >
    < footer >
        < div class = " container " >
            < hr / >
            < p class = " text-muted small " >版权所有@ 浙江．衢州．2021 </p >
        </div >
    </footer >
```

```
</div>
</template>
<style>
#app {
    font-family: 'Avenir', Helvetica, Arial, sans-serif;
    -webkit-font-smoothing: antialiased;
    -moz-osx-font-smoothing: grayscale;
    text-align: center;
    color: #2c3e50;
    margin-top: 60px;
}
.bg {
    height: 100px;
    background-color: skyblue;
}
</style>
```

page1 和 page2 页面导航分别如图 12-4 和图 12-5 所示。

说明：本实例的项目入口文件中使用了 CDN 引入第三方样式，如 < link href = " https:// cdn. bootcss. com/mui/3. 7. 1/css/mui. min. css " rel = " stylesheet " >。

图 12-4　page1 页面导航

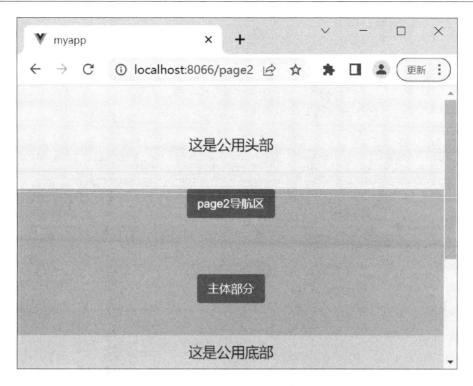

图 12-5   page2 页面导航

12.3   编程式导航

除了可以使用 < router-link > 创建 < a > 标签来定义导航链接之外，还可以借助 router 实例的 push( ) 方法来定义导航链接。这种方式称为编程式导航。在 Vue 中，可以通过 $router 访问路由实例，因此可以调用 $router. push( ) 方法，这个方法会向 history 栈添加一个新的记录，所以当用户单击浏览器的后退按钮时，会回到之前的 URL。当单击 < router-link >时，这个方法会在内部调用，所以单击" < router-link：to = ' ' > "等同于"router. push ( )"方法。

在一个简单的网站首页中，单击"登录"按钮超链接，会调用 login. vue 组件并渲染，登录前的页面如图 12-6 所示，单击"登录"超链接的页面如图 12-7 所示。

图 12-6 和图 12-7 的参考代码如下：

```
export default {
    name: "App",
    components: {
        Index                                    //局部注册组件
    },
    mcthods: {
        login( ) {
            this. $router. push( {path:'/Login'} )
        }
```

```
        }
    < li >
                < a @ click = " login " >
                    < i class = " icon icon-desktop " > </ i >
                    < span > 登录 </ span >
                </ a >
    </ li >
```

图 12-6　登录前的页面

图 12-7　单击"登录"超链接的页面

在上述代码中，$router. push（）方法的参数既可以是一个字符串路径"$router. push
（'/login'）"，也可以是一个描述地址的对象"$router. push（{path:'login'}）"，还可以是命
名的路由"$router. push（{name:'login',params:{userId:'123'}}）"。使用 params 时，只能
用 name 来引入路由，例如：

```
this. $router. push（{path:'/detail',params:{name:'nameValue',code:1001}}）
```

这种写法接收到的参数将是 undefined，代码如下：

```
this. $router. push（{
name:'detail',
params:{
    name:'nameValue',
    code:1001
}
}）
```

router. replace（）与 router. push（）非常相似，唯一不同的是，router. replace（）不会向
history 添加新记录，而是会替换当前的 history 记录。

router. go（）方法的参数是一个整数，表示在 history 记录中向前或向后退多少步，类似
于"window. history. go（n）"。

12. 3. 1　路由传参及获取参数

在实际开发中简单的页面跳转是无法满足用户需求的，在跳转到新的路径/组件的情
况下，需要传递一些参数，并在新的组件内接收参数。

12. 3. 1. 1　使用地址栏传递参数

在 12. 2. 3 节的简单实例中，在地址栏中输入"http://localhost:8066/detail/3"，可以
将其中的参数 3 传递到 detail 组件中，如图 12-8 所示。实现地址栏传递参数的路由配置的
代码如下：

```
export default new VueRouter （{
    mode:'history',
    routes:[
        {
            path:'/detail/:id',
            component: Detail
        }
    ]
```

detail 组件中接收参数的代码如下：

```
< p class ="list-group-item-text text-muted"> detail 页面 < br / >
        单击的是第{{$route. params. id}}篇文章
</ p >
```

图 12-8 使用地址栏传递参数

如果还需要传入要查询的参数，则可以在地址栏中输入"http://localhost:8066/detail/2?search = Vue. js"，并在 detail 组件中接收传入的查询参数，如图 12-9 所示。

图 12-9 使用地址栏传递查询参数

detail 组件中接收参数及查询参数的代码如下：

```
< p class = "list-group-item-text text-muted" > detail 页面 < br / >
        单击的是第{{ $route. params. id}}篇文章,关键字是{{ $route. query. search}}
</p>
```

12.3.1.2 使用路由传递参数

除了在地址栏中传递参数之外，还可以使用路由传递参数，代码如下：

```
//带有查询参数,变为/detail? id =2
router. push({path:'detail',query:{id:2}})
```

12.3.2 子路由的应用

子路由也称嵌套路由，是指 URL 路径按照某种结构进行嵌套，基本做法是在原有路由基础上添加一个 children 字段，children 是一个数组，其基本语法格式如下：

```
children:[
    {
        path:'/',
        component:xxx
    },
    {
        path:' xx ',
        component:xxx
    }
]
```

图 12-10 和图 12-11 所示的是子路由实例 course-js 和 course-Vue 的页面显示效果。当单击"JavaScript 课程"超链接时，URL 地址显示为/course/js；当单击"Vue 课程"超链接时，URL 地址显示为/course/Vue。可以看到，/js 和/Vue 的路径都嵌套在 course 路径中。

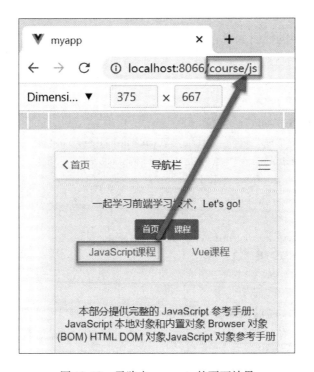

图 12-10 子路由 course-js 的页面效果

图 12-11　子路由 course-Vue 的页面效果

　　该实例需要 6 个组件，即 App. vue、header. vue、footer. vue、course. vue、js. vue、Vuejs. vue，以及项目入口文件 main. js。

　　（1）App. vue 组件的代码如下：

```
< template >
< div id = " app " >
< header id = " header " class = " mui-bar mui-bar-nav " >
        < h1  class = " mui-title " > 导航栏 < /h1 >
        < button class = " mui-action-back mui-btn mui-btn-blue mui-btn-link
    mui-btn-nav mui-pull-left " > < span class = " mui-icon mui-icon-left-nav " > < /span > 首页 < /
button >
        < a href = " " class = " mui-icon mui-icon-bars mui-pull-right " > < /a >
        < /header >
        < div class = " mui-card-content-inner " style = " margin-top;44px " >
        一起学习前端学习技术,Let's go!
        < /div >
        < header-Vue > < /header-Vue >
        < router-view > < /router-view >
        < footer-Vue > < /footer-Vue >
    < /div >
    < /template >
```

```
< script >
export default {
  name: "App",
  components: {

  },
  data( ) {
    return {
      infos: [ ],
      index: ' '
    }
  },
  mounted( ) {

  },
  methods: {
    login( ) {
      this. $ router. push( { path: '/Login ' } )
    },
    stu( ) {
      this. $ router. push( { path: '/student ' } )
    },
    params( ) {
      this. $ router. push( { path: '/detail ', query: { id: 2 } } )
    },
    handleRouter( ) {
      this. $ router. push( '/user/123 ')
    }
  }
};
</ script >
```

（2）header. vue 组件的代码如下：

```
< template >
    < div >
        < div class = " mui-btn mui-btn-primary " > 首页 </div >
        < router-link : to = "{ name: ' course ' } " >
            < div class = " mui-btn mui-btn-danger " > 课程 </div >
        </ router-link >
    </ div >
</ template >
< script >
```

```
        export default {
            data( ) {
                return {

                    }
                }
            }
</script >
< style >

</style >
```

（3）footer. vue 组件的代码如下：

```
< template >
  < div >
    < div class = "footer" > 页脚 </div >
  </div >
</template >
< script >
export default {
  data( ) {
    return {};
  },
};
</script >
< style scoped = "scoped" >
. footer {
  width: 100%;
  padding-top: 10px;
  height: 40px;
  background: gainsboro;
  text-align: center;
  position: fixed;
  left: 0;
  bottom: 0;
}
</style >
```

（4）course. vue 组件的代码如下：

```
< template >
  < div >
    < router-link :to = "{ name: 'course_js' }"
```

```
            > < span > JavaScript 课程 </span > </router-link
        >.
        < router-link :to = "{ name: 'course_Vue' }"
            > < span > Vue 课程 </span > </router-link
        >
        < hr / >
        < router-view > </router-view >
    </div >
</template >
< script >
export default {
  data() {
    return {};
  },
};
</script >
< style scoped >
span {
  display: inline-block;
  height: 50px;
  width: 150px;
  padding: 10px;
}
</style >
```

（5）js. vue 组件的代码如下：

```
< template >
    < div >
        本部分提供完整的 JavaScript 参考手册:
        JavaScript 本地对象和内置对象 Browser
        对象(BOM) HTML DOM 对象 JavaScript 对象参考手册
    </div >
</template >
< script >
    export default {
        data() {
            return {

            }
        }
    }
</script >
```

（6）Vuejs. vue 组件的代码如下：

```
< template >
    < div >
Vue. js 教程 Vue. js(读音/vjuː/，类似于 view) 是一套构建用户界面的渐进式框架
Vue 只关注视图层，采用自底向上增量开发的设计
    </ div >
</ template >
< script >
    export default {
        data( ) {
            return {

            }
        }
    }
</ script >
```

（7）main. js 的代码如下：

```
import Vue from ' vue '
import App from ' @/App '
//路由 1. 安装并引入 Vue-Router
import VueRouter from ' vue-router '
import router from '../src/router '
//2. 安装插件,挂载属性
Vue. use( VueRouter)
import header from '../src/components/header. vue '
import footer from '../src/components/footer. vue '
import course from '../src/components/course. vue '
//注册全局组件
Vue. component('headerVue ',header)
Vue. component('footerVue ',footer)
Vue. component('course ',course)
//关闭 Vue 的生产提示
Vue. config. productionTip = false
new Vue( {
  el:'#app ',
  router,
  render:h = > h( App),
  components: {
  }
})
```

12. 3. 3　路由拦截

vue-router 提供的导航钩子函数主要用来拦截导航，使其正常跳转或跳转到其他页面。钩子函数的基本语法格式如下：

```
router. beforeEach( function( to,from,next) ) {
    var logged_in  = true
    if( ! logged_in&& to. path = ='/user ') {
            next('/login ')
    }
    else{
            next( )
    }
}
```

这是一个通过全局钩子函数实现导航拦截的实例。当一个导航触发时，全局的 before 钩子会按照创建顺序调用，钩子是异步解析执行的，此时导航在所有钩子释放完之前一直处于等待状态。

每个钩子方法接收以下 3 个参数。

（1）to：Route，即将进入的目标路由。

（2）from：Route，当前导航正要离开的路由。

（3）next：Function，一定要调用该方法来释放这个路钩子，执行效果依赖 next 方法的调用参数。确保要调用的 next 方法，否则钩子不会被释放。

下面通过一个实例演示用户没有登录不能访问用户管理。登录状态的 URL 和未登录状态的 URL 如图 12-12 和图 12-13 所示。

图 12-12　未登录状态的 URL

在实例中，当"logged_in = false"时，跳转到用户管理页面（/usermanager）会被拦截，并跳转到登录页面（/login），只有当"logged_in = true"时，才能顺利地跳转到用户

图 12-13 登录状态的 URL

管理页面。

App. vue 的代码如下：

```
< template >
< div id = " app " >
    < header id = " header " class = " mui-bar mui-bar-nav " >
        < h1 class = " mui-title " > 导航栏 </h1 >
        < button class = " mui-action-back mui-btn mui-btn-blue mui-btn-link
        mui-btn-nav mui-pull-left " > < span class = " mui-icon mui-icon-left-nav " > </span > 首页 </
button >
        < a href = " " class = " mui-icon mui-icon-bars mui-pull-right " > </a >
        </header >
        < div class = " mui-card-content-inner " style = " margin-top：44px " >
            一起学习前端框架，Let's go！
        </div >
        < header-Vue > </header-Vue >
        < router-view > </router-view >
        < footer-Vue > </footer-Vue >
    </header >
</div >
</template >
< script >
export default {
    name：" App " ,
    components：{
    } ,
    data( ) {
```

```
        return {
        }
    }
}
</script>
<style></style>
```

header. vue 的代码如下：

```
<template>
    <div>
        <div class="mui-btn mui-btn-primary">首页</div>
        <router-link :to="{name:'course'}">
            <div class="mui-btn mui-btn-danger">课程</div>
        </router-link>
        <router-link :to="{name:'login'}">
            <div class="mui-btn mui-btn-warning">用户管理</div>
        </router-link>
    </div>
</template>
<script>
    export default {
        data() {
            return {

            }
        }
    }
</script>
<style>
</style>
```

index. js 的代码如下：

```
//2. 该文件专门用于创建整个应用的路由器
import VueRouter from 'vue-router'
import Course from '../components/course'
import Js from '../components/js'
import Vuejs from '../components/Vuejs'
import header from '../components/header'
import footer from '../components/footer'
export default new VueRouter ({
    mode:'history',
    routes:[
```

```
    {
        path:'/',
        redirect:{name:'course'}
    },
    {
        path:'/login',
        name:'login',
        component:{
            template:'<div><h4>请先登录！</h4></div>'
        }
    },
    {
        path:'/usermanager',
        name:'usermanager',
        component:{
            template:'<div><h4>用户管理</h4></div>'
        }
    },
    {
        name:'course',
        path:'/course',
        component:Course,
        children:[{
            name:'course_js',
            path:'js',
            component:Js
        },{
            name:'course_Vue',
            path:'Vue',
            component:Vuejs
        }]
    },
    {
        path:'/vuejs',
        component:Vuejs
    },
    ]
});
```

main. js 的代码如下：

```
import Vue from 'vue/dist/vue. esm. js'
import App from '@/App'
```

```
//路由 1. 安装并引入 Vue-Router
import VueRouter from 'vue-router'
import router from '../src/router'
//2. 安装插件,挂载属性
Vue.use(VueRouter)
import header from '../src/components/header.vue'
import footer from '../src/components/footer.vue'
import course from '../src/components/course.vue'
// import main from '../src/components/main.vue'
import login from '../src/components/login.vue'
//注册全局组件
Vue.component('headerVue',header)
Vue.component('footerVue',footer)
Vue.component('course',course)
Vue.component('login',login)
//关闭 Vue 的生产提示
Vue.config.productionTip = false
//路由守卫(拦截)
router.beforeEach(function(to ,from,next){
    var logged_in = true;
    // var logged_in = false;
    if(!logged_in && to.path ==='/usermanager'){
        next('/login')
    }else{
        next()
    }
});
//3. 在实例中使用路由
new Vue({
    el:'#app',
    router,
    render:h=>h(App),
    template:'<App/>'
})
```

在项目开发中，通常使用 meta 对象中的属性来判断当前路由是否需要进行处理。如果需要处理，则按照具体的跳转需求进行处理，代码如下：

```
{
    path:'/usermanager',
    name:'usermanager',
    meta:{
        login_required:true
```

```
        },
        component:user
}
```

在上述代码中，meta 对象中的 login_required 是自定义的字段名称，用来标记该路由是否需要判断，true 表示需要判断，false 表示不需要判断，再结合 router. beforeEach( )函数，设置路由规则。上例中的 main. js 可以改写为如下代码：

```
router. beforeEach( function( to,from,next ) {
var logged_in = false;
// var logged_in = true;
  if( ! logged_in && to. matched. some( function( item ) {
      return item. meta. login_required
  } ) ) {
      next( '/login' );
  } else {
      next( );
  }
} );
```

login_required 值为 false 情况下的运行结果如图 12-14 所示。

图 12-14　login_required:false 效果

本 章 小 结

本章主要讲解了路由的配置及使用，包括编程式导航、动态路由及路由拦截。

思　考　题

如何定义动态路由？如何获取动态参数？

13　"五金购物街"项目实战

❖ **本章重点:**

(1) 理解项目的设计思路;

(2) 掌握项目主页的设计与实现;

(3) 掌握登录和注册页面的设计与实现;

(4) 掌握购物街商品详情页面的设计;

(5) 掌握购物车页面的设计与实现。

13.1　项 目 介 绍

13.1.1　项目信息

"五金购物街"为用户选择五金产品和商业合作提供了良好的服务平台。游客可以浏览五金产品信息、搜索最新的五金产品、查看产品详情和留言;注册用户并登录之后,除了可以浏览以外,还可以购买产品、收藏产品、发表留言和查看个人中心。

基于 Vue. js 开发的"五金购物街"项目主要功能包括首页、首页搜索、首页下拉刷新和上拉加载、五金产品列表页、产品详情页、购买产品、收藏产品、查看留言、发布留言、注册登录、查看个人信息和修改个人信息。

13.1.2　项目功能

项目功能见表 13-1。

表 13-1　项目功能

序号	功 能 列 表	学时	备　　注
1	首页	6	包括首页搜索和懒加载
2	登录	2	表单验证
3	五金产品列表	2	
4	五金产品详情与商品购买	6	使用模态框
5	留言列表	4	使用 JSON-Server
6	查看留言或发布留言	4	发布的留言没有存储
7	个人中心	2	使用字体图标

13.1.3 项目任务

项目任务分配详情见表 13-2。

表 13-2 项目任务分配详情

序号	功 能 列 表	说　明	学时
1	功能模块需求分析	明确项目需求，绘制用例图，撰写 用例规约描述，绘制项目原型图	4
2	登录	项目各模块的功能实现	14
3	五金产品列表	设计测试用例，撰写测试文档	2
4	个人中心	项目前后端整合，打包发布	6

13.2　项目开发前期准备

在正式开发项目之前，需要进行一些准备工作，例如利用脚手架快速搭建项目，并形成项目结构。安装项目中需要用到的依赖包和插件，配置好项目的路由等。

13.2.1 初始化项目结构

Vue-CLI 是 Vue 提供的一种官方命令行工具，可用于快速搭建大型项目单页应用（SPA）。该工具提供了方便易用的构建工具配置，带来了现代化的前端开发流程，只需几分钟即可创建并启动一个可以热重载、保存时静态检查及可用于生产环境的构建配置的项目。在保证 Vue 环境安装完成的情况下，使用"npm install -g @ vue/cli"命令可以安装 Vue-CLI，具体安装过程见第 11 章。Vue-CLI 安装完成后即可开始创建项目。

（1）按键盘快捷键 Win + R，在弹出的对话框中输入 cmd 打开 DOS 窗口，进入想要创建项目的目录，这里选择 D 盘根目录，输入"Vue create myproject"命令，按 Enter 键后进行安装。

（2）进入 myproject 目录后，输入"npm run serve"命令启动项目。运行成功后会显示项目的运行地址，如图 13-1 所示。在浏览器中预览项目，如图 13-2 所示。

图 13-1　命令行启动项目成功界面

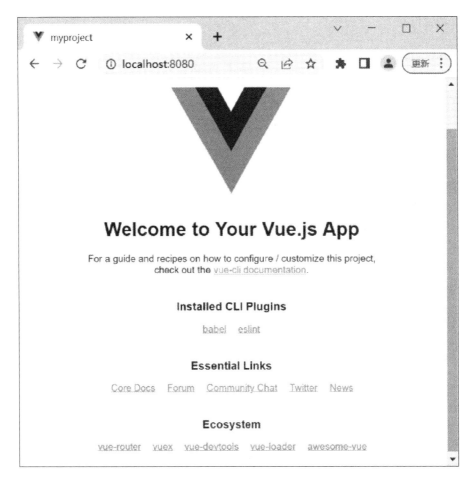

图 13-2 在浏览器中预览项目

（3）打开代码编辑器，在编辑器中部署新建的项目，初始化项目的目录结构如图 13-3 所示。

node_modules	2023/3/11 1:31	文件夹	
public	2023/2/19 22:33	文件夹	
src	2023/3/10 23:39	文件夹	
.gitignore	2023/2/19 22:33	GITIGNORE 文件	
babel.config.js	2023/2/19 22:33	JavaScript 文件	
package.json	2023/3/11 1:31	JSON 文件	
package-lock.json	2023/3/11 1:31	JSON 文件	
README.md	2023/2/19 22:33	MD 文件	

图 13-3 初始化项目的目录结构

13.2.2 安装依赖包和插件

根据项目需要安装依赖包和插件，包括 Vue-router、Vue-axios、mint-ui、font-awesome

和 Vuex。

（1）安装 Vue-router 的指令：npm install Vue-router --save。

（2）安装 Vue-axios 的指令：npm install axios --save。

（3）安装 mint-ui 的指令：npm install mint-ui --save。

（4）安装 font-awesome 的指令：npm install font-awesome --save。

（5）安装 Vuex 的命令：npm install Vuex --save。

13.2.3 配置项目路由

在 router 文件夹的 index.js 中配置路由，代码如下：

```
import Vue from 'vue'
import VueRouter from 'vue-router'
Vue.use(VueRouter)
let router = new VueRouter({
    mode: 'history',
    routes: [
     //VueRouter:配置路由规则
    // { path: '/', redirect: { name: 'home' } }, //重定向
    { name: 'home', path: '/', component: Home }, //首页
    { name: 'product', path: '/course', component: Product }, //课程
    { name: 'message', path: '/message', component: Message }, //留言
    { name: 'login', path: '/login', component: Login }, //登录
    { name: 'mine', path: '/mine', component: Mine,
    meta: {
requireAuth: true // 添加该字段（字段名可以自定义），表示进入这个路由是需要登录的
}},
    { name: 'mycollect', path: '/mycollect', component: Mycollect }, //我的收藏
    { name: 'detail', path: '/detail', component: Productdetail }, //课程详情
    { name: 'msgdetail', path: '/msgdetail', component: Msgdetail }, //信息详情
    ]
});
})
```

13.3 项目功能设计与开发

本节主要带领读者初步开发"五金购物街"项目，从展示实现的效果到具体代码编写逐步讲解。

13.3.1 首页

项目首页界面参考效果如图 13-4 所示。

首页使用的文件和组件见表 13-3。

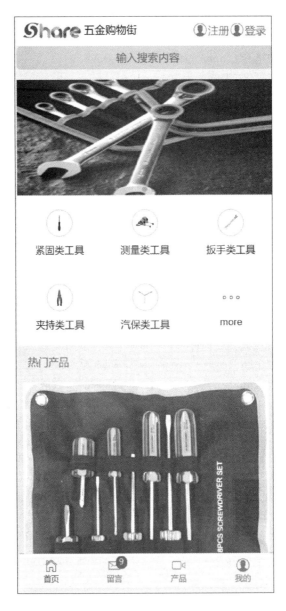

图 13-4　项目首页参考效果

表 13-3　首页使用的文件和组件

序号	文件名称	说　　明
1	main. js	引入 mint-ui、字体图标和 Vuex
2	App. vue	首页
3	index. vue	切换回首页，包括九宫格和懒加载
4	loadmore. vue	加载更多组件

首页需要的插件和依赖包见表13-4。

表 13-4　首页需要的插件和依赖包

序号	文 件 名 称	说　　明
1	" mint-ui ":" ^^2. 2. 13 "	移动端 UI
2	Mui	底部导航栏和九宫格布局，在 index. html 文件中引入了 mui. min. css
3	" font-awesome ":" ^^4. 7. 0 "	Font. Awesome 字体图标，即首页热门课程中使用的图标
4	" Vuex ":" ^^3. 1. 1 "	状体管理，用于存放登录账号信息

五金产品列表页使用的是本地 JSON 数据，其数据信息见表13-5。

表 13-5　五金产品列表页的数据信息

功能说明	获取产品列表页数据信息
URL 地址	http://jsonplaceholder. typicode. com/posts
	参数列表：无
请求示例	http://localhost:8080
返回参数	JSON 数组
参数说明	id：产品 ID title：产品名称 Body：产品信息

返回示例	<pre>[
	  {
	    "userid ":1,
	    "id ":1,
	    "title ":"sunt aut facere repellat prodent occaecatl excepturi option repreherident "
	  },{
	    "userid ":1,
	    "id ":2,
	    "title ":"qui est esse "
	  },{
	    "useid ":1,
	    "id ":3,
	    "title ":"ea molestas quasi exercitationem repellat qui ipsa sit aut "
	  }
	  }
	]</pre>

13. 3. 2　首页下拉刷新和上拉加载

首页下拉刷新和上拉加载功能的参考效果如图13-5 和图13-6 所示。

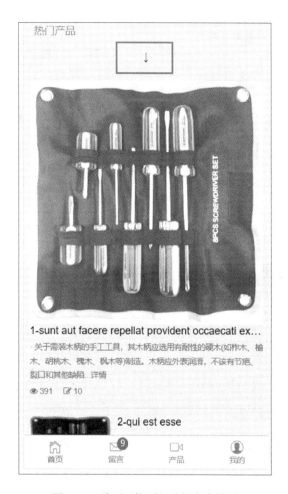

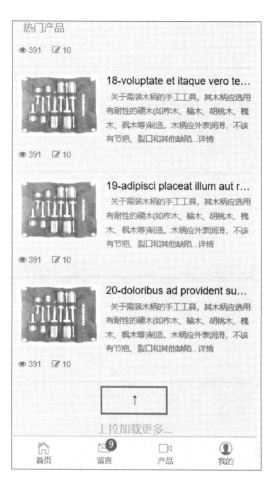

图 13-5　首页下拉刷新功能参考效果　　　　　图 13-6　首页上拉加载功能参考效果

核心代码如下：

```
< script >
    export default {
        props：['search'],
        data(){
            return {
                examplename：'Loadmore',
                pageNum：1,//页码
                InitialLoading：true,//初始加载
                list：0,//数据
                allLoaded：false,//数据是否加载完毕
                bottomStatus：'',//底部上拉加载状态
                wrapperHeight：0,//容器高度
```

```
                topStatus: '', //顶部下拉加载状态
                products: [],
            }
        },
        mounted() {
            let windowWidth = document.documentElement.clientWidth; //获取屏幕宽度
            if (windowWidth >= 768) { //这里根据自己的实际情况设置容器的高度
                this.wrapperHeight = document.documentElement.clientHeight - 105;
            } else {
                this.wrapperHeight = document.documentElement.clientHeight - 80;
            }
            setTimeout(() => { //页面挂载完毕 模拟数据请求 这里为了方便使用一次性定时器
                this.list = 10;
            }, 1500)
        },
        created: function () {
    this.$axios.get('http://jsonplaceholder.typicode.com/posts')
    .then((res) => {
    this.courses = res.data.slice(0,30);
    }, (err) => {
        console.log(err)
    });
},
computed: {
    filterTitles: function() {
        return this.products.filter((course) => {
            return products.title.match(this.search);
        })
    }
},
    methods: {
        handleBottomChange(status) {
            this.bottomStatus = status;
        },
        loadBottom() {
            this.handleBottomChange("loading"); //上拉时 改变状态码
            this.pageNum += 1;
            setTimeout(() => { //上拉加载更多 模拟数据请求这里为了方便使用一次性定时器
```

```
                    if (this. pageNum <= 3) {//最多下拉三次
                        this. list += 10;//上拉加载 每次数值加12
                    } else {
                        this. allLoaded = true;//模拟数据加载完毕 禁用上拉加载
                    }
                    this. handleBottomChange("loadingEnd");//数据加载完毕 修改状态码
                    this. $refs. loadmore. onBottomLoaded();
                }, 1500);
            },
            handleTopChange(status) {
                this. topStatus = status;
            },
            loadTop() {//下拉刷新 模拟数据请求这里为了方便使用一次性定时器
                this. handleTopChange("loading");//下拉时 改变状态码
                this. pageNum = 1;
                this. allLoaded = false;//下拉刷新时解除上拉加载的禁用
                setTimeout(() => {
                    this. list = 10;//下拉刷新 数据初始化
                    this. handleTopChange("loadingEnd")//数据加载完毕 修改状态码
                    this. $refs. loadmore. onTopLoaded();
                }, 1500);
            },
        }
    }
</script>
```

13.3.3　首页搜索

首页搜索功能，输入搜索关键字如图 13-7 所示，按关键字搜索的结果如图 13-8 所示。
核心代码如下：

```
computed: {
    filterTitles: function() {
        return this. products. filter((product) => {
            return product. title. match(this. search);
        })
    }
}
```

13.3.4　产品列表页

五金产品列表页界面效果如图 13-9 所示。

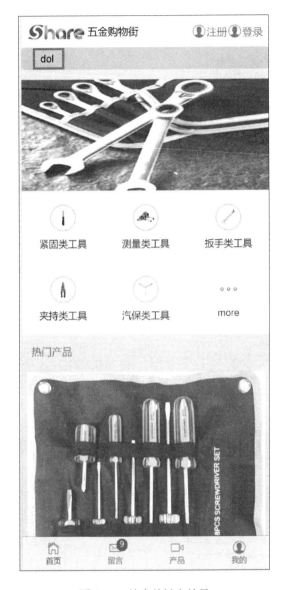

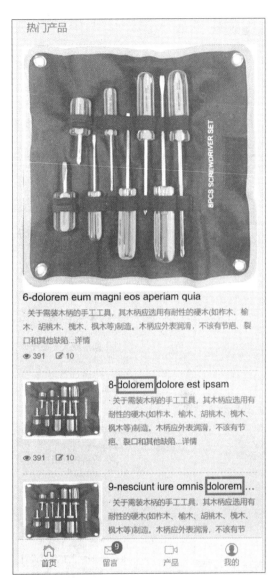

图 13-7　搜索关键字效果　　　　　　　　　　图 13-8　按关键字搜索效果

　　五金产品列表页使用的是本地 JSON 数据，其数据信息见表 13-6。

表 13-6　五金产品列表页的数据信息

功能说明	获取产品列表页的数据信息
URL 地址	本地 JSON 数据 productlist. json
参数列表：无	
请求示例	http://localhost:8080/product

续表 13-6

返回参数	JSON 数组
参数说明	title：产品名称 description：产品描述 id：产品 ID saleout：消息内容插图 id：消息 ID css：消息界面
返回示例	（见下方代码）

```
{
  [
    {
      title: "扳手类工具",
      description: "Cr-V 材质精工锻造,经久耐用,换头方便,特别适合狭小空间中使用",
      id: "spanner_tool",
      toKey: "analysis",
      saleout: false,
    },
    {
      title: "紧固类工具",
      description:
        "根据亚洲人手型设计,握感舒适。",
      id: "tight_tool",
      toKey: "count",
      saleout: false,
    },
    {
      title: "汽保类工具",
      description:
        "优质铬钒钢锻造,专业设计防止打滑,更适用于专业维修。",
      id: "car_tool",
      toKey: "forecast",
      saleout: true,
    },
    {
      title: "测量类工具",
      description: "工字形设计,强度高不易变形",
      id: "measure_tool",
      toKey: "publish",
      saleout: false,
    },
  ]
}
```

产品列表页使用的文件和组件见表 13-7。

表 13-7　首页需要的插件和依赖包

序号	文件名称	说　　明
1	product. vue	请求查看详情页面
2	index. vue	切换回首页

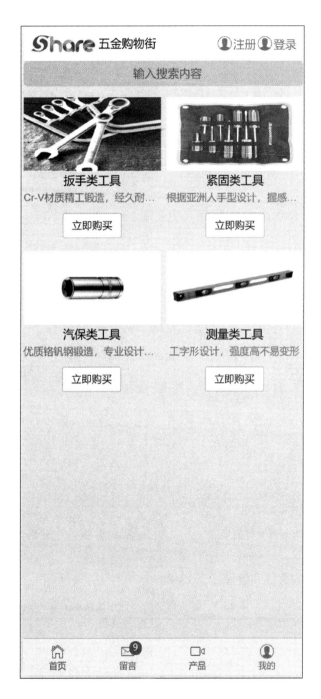

图 13-9　产品列表页参考效果

13.3.5　产品详情页

产品详情页和购买产品页面参考如图 13-10 和图 13-11 所示。

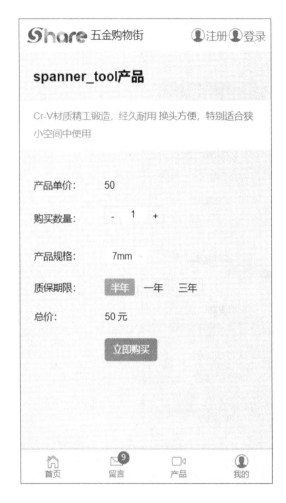

图 13-10 产品列表页参考效果

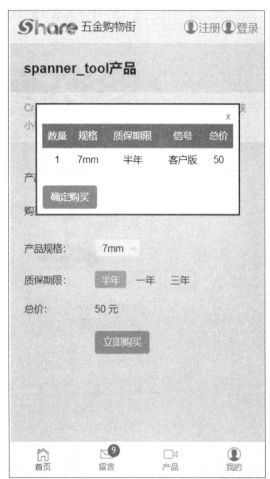

图 13-11 购买产品页面参考效果

产品详情页使用的文件和组件见表 13-8。

表 13-8 首页需要的插件和依赖包

序号	文件名称	说　　明
1	productDetail. vue	请求查看产品详情页面
2	selected. vue	产品规格首页
3	counts. vue	购买件数组件
4	chooser. vue	质保期限选中组件
5	dialog. vue	购买产品弹出的对话框

本 章 小 结

本章主要讲解了项目实战的基本开发流程，包括项目的设计思路、项目主页的设计与实现、登录和注册页面的设计与实现、商品详情页面的设计、购物车页面的设计与实现等。

思 考 题

如何使用 axios 请求数据，有哪几种请求方式？

参 考 文 献

［1］ 师晓利，刘志远. Vue. js 前端开发实战［M］. 北京：人民邮电出版社，2020.

［2］ 王凤丽，豆连军. Vue. js 前端开发技术［M］. 北京：人民邮电出版社，2019.

［3］ 柳伟卫. Vue. js3 企业级应用开发实战（双色版）［M］. 北京：电子工业出版社，2022.

［4］ 吕鸣. Vue. js3 应用开发与核心源码解析［M］. 北京：清华大学出版社，2022.

［5］ 张益珲. 循序渐进 Vue. js3 前端开发实战［M］. 北京：清华大学出版社，2022.

［6］ 刘汉伟. Vue. js 从入门到项目实战（升级版）［M］. 北京：清华大学出版社，2022.

［7］ 李小威. Vue. js3. x 高效前端开发（视频教学版）［M］. 北京：清华大学出版社，2022.

［8］ 刘海，王美妮. Vue 应用程序开发［M］. 北京：人民邮电出版社，2021.